盛装茶会

千年洋服

演|变|图解

◆ 日本转移媒体公司 编　◆ [日]水溜鸟 绘

◆ 李春凌　译

中国青年出版社

序 言

感谢大家选择本书！

服装是人的"第二皮肤"，也是反映社会变化的晴雨表，服饰的流行与演变直接反映着社会的政治变革、经济变化和风尚变迁。各个时期的女装更是时尚的风向标，本书将从古代欧洲贵妇服饰到现代时装，打开各个时代的公主衣橱，为大家介绍时代的流行趋势，助你实现"公主梦"！

本书共由5章构成：第1章主要介绍了礼服的构造、设计要点、小物件的绘制方法等基本知识；第2章主要介绍了礼服的发展史及各个时代流行样式、风格的设计和绘制技巧；第3章主要介绍了婚纱、正装、宴会礼服等现代礼服、饰品和礼服背后的设计心机等；第4章聚焦于尽显礼服魅力的人体姿势表现技巧；第5章主要介绍如何巧妙利用裙子、领子、袖子、鞋子、帽子等让礼服更有设计感。

想要描绘身着精致礼服的公主却不知如何下手？那么就用这本书来开启你的"公主梦"吧！

◆ C o n t e n t s ◆ 目 录

洛可可时期风格

◆法国路易十五统治时期礼服

巴洛克时期风格

◆巴洛克礼服（法国风时期）

巴洛克时期风格

◆巴洛克礼服（荷兰风时期）

巴斯尔时期风格
◆巴斯尔服装（后期）

巴斯尔时期风格
◆巴斯尔服装（前期）

浪漫主义时期风格

◆浪漫主义礼服（前期）

克里诺林时期风格

◆克里诺林撑架裙

婚纱
◆鱼尾裙

婚纱
◆公主裙

第 1 章

礼服的基本知识

礼服的历史

礼服发展的历史与欧洲贵族阶级有着密不可分的关系，在各个时代都饱受贵族阶层的青睐。随着时代的变迁，礼服也在不断地发展、演变。

中世纪中后期

11世纪~15世纪。这是由长袍式向收紧式演变的阶段。男女服装发生明显的分化，女装开始通过收紧腰身来突显身体曲线。

文艺复兴时期~洛可可时期

15世纪~18世纪后半叶。女性上半身通过袒露胸口和使用紧身胸衣，使之与下半身膨大的裙子形成对比，以突显胸部、臀部等女性特有的性感部位。添加蕾丝、刺绣、褶边、金属饰品等华丽装饰的奢华礼服更是风靡一时。

新古典主义时期~20世纪初

18世纪末~20世纪初期。以法国大革命为契机，几百年来贵族的生活方式发生改变，一扫先前的奢华风格的穿衣习俗，人们开始以古希腊、古罗马的服装为范本，追求古典的、自然纯粹的衣装形态。这之后的着装风格又开始趋于繁复。直到20世纪初，随着一战的到来和女权运动的兴起，女性的服装摒弃了束腰等一系列延续百年的传统，在之后的几十年间不断简化，这才奠定了现代礼服的基础。

现代

现代礼服种类繁多，婚纱、正装套装、宴会礼服等可穿着出席各种特定场合，成为女性衣橱中必不可少的服装。

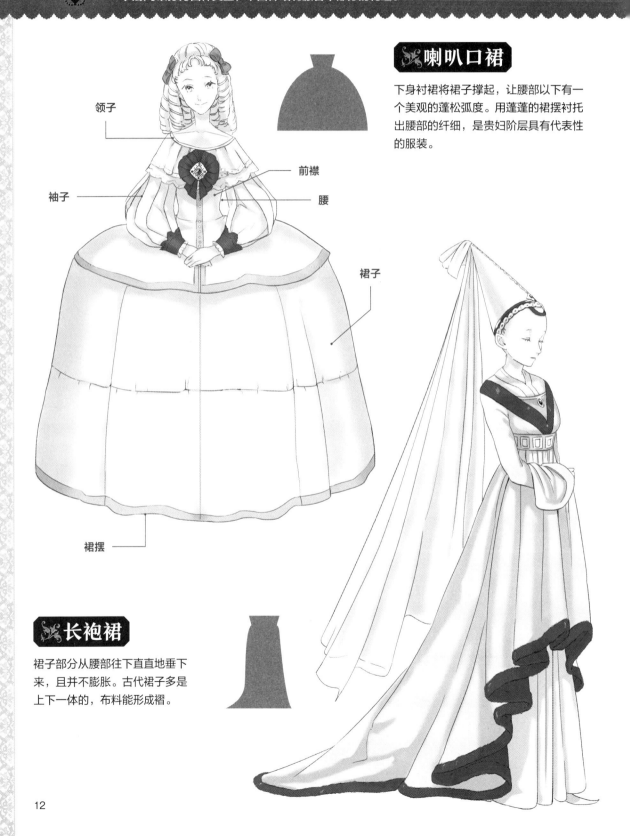

领子

袖子

前襟

腰

裙子

裙摆

喇叭口裙

下身衬裙将裙子撑起，让腰部以下有一个美观的蓬松弧度。用蓬蓬的裙摆衬托出腰部的纤细，是贵妇阶层具有代表性的服装。

长袍裙

裙子部分从腰部往下直直地垂下来，且并不膨胀。古代裙子多是上下一体的，布料能形成褶。

细长裙

贴合身体的设计，能够突显身体完美的曲线。
现代风的鱼尾裙和下午装都是常见的款式。

短裙

裙长较短，可以显露纤细的小腿线条。
连衣裙、宴会服等为主流款式。

1-3 如何让礼服更有特点

礼服是时装中最为华丽隆重的款式，其设计风格也是多种多样，各个时代的流行元素、装饰也都富有变化。如何让礼服更有特点也成为永恒的主题，下面就来介绍能让礼服更加亮眼的技巧。

帽子、发型

帽子和发式也是穿着礼服时的搭配，是一个时代流行风格的浓厚体现。帽子的形状、佩戴方法，头发不同的梳理方法，譬如高发髻、卷发、束发等都能体现出时代的差异。

领子、前胸

领子是礼服中设计最为灵活的一个部位，领口的开合、胸前露出的肌肤、精致的花边装饰……各种设计层出不穷，都能展现出女性独有的魅力。

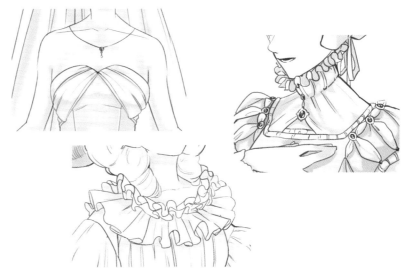

袖子的形状

不同的时代，袖子的形状也各不相同，人们还会在袖子上添加裂口、花边等装饰。袖根部膨大的夸张设计，以及贴合手臂线条的合身设计层出不穷。

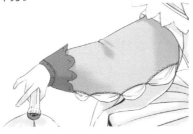
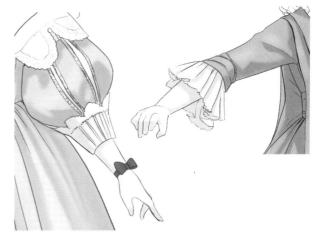

收腰与腰线位置

使用细绳、腰带等来束紧腰部是各个时代共通的装饰方式。但各个时代收腰的位置会发生变化，有自然的腰线位置、胸下的高腰线位置等多种风格。

  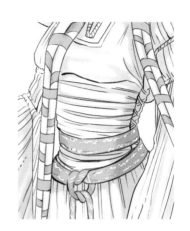

裙子的形状

裙子作为礼服的首要部分，其设计也是纷繁多样。文艺复兴时期和洛可可时期装饰华美的前开式裙装成为主流，之后出现了多层褶饰堆叠的克里诺林样式和将裙子绕到身后、在臀部堆积成丰满曲线的巴斯尔样式。

礼服的面料和装饰

1-4

制衣工艺的发展使礼服的面料也发生了很大变化，礼服的面料和装饰也逐渐丰富起来。下面介绍几种比较典型的面料、花纹和装饰。

面料的质感

缎

此面料表面平滑匀整、富有光泽，具有高级、奢华的质感，常被用于制作礼服，原料一般为丝、棉、混纺等。

天鹅绒

表面有绒毛或绒圈，有光泽但并不光滑，面料质量较重。丰富的纹理能营造出非凡的魅力，因此常被用于制作正装礼服。其英文为"velvet"。

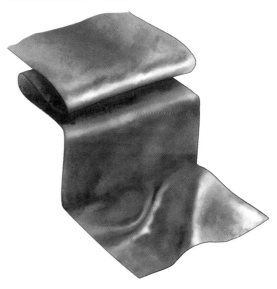

羊毛面料

以羊毛为原料纺织而成的面料，质感厚重、保暖性好，在中世纪（P.32）常被用于制作礼服和外衣。

绸

质地轻薄且结实，具有高级的光泽感，现在常被用于制作婚纱礼服等。

雪纺

质地轻薄、柔软，是具有透明感的面料。由于有透明感，能使身体迷人的线条若隐若现，因此常被用于制作礼服裙子、袖饰等装饰部件。

棉

出现于公元前的一种基础纤维/纺织原料。亲肤感强，常被用于制作衬裙等贴身衣物。

亚麻

一种具有光泽感的纺织原料，亲肤感强。从古代开始，就被用于制作内衣。亚麻在很长一段时间内是欧洲最主要的纺织原料，因此也被用来制作蕾丝。

毛皮

用动物毛皮制成的面料，常被用于御寒披肩、外衣、斗篷和衣服的包边装饰等。

皮革

将动物皮脱毛、鞣制而成的面料，结实且不易腐烂。比起制作礼服，更常被用于制作鞋子、包包等。

🌸 蕾丝

◆ 网眼蕾丝

刺绣镶边的网眼布料，花瓣形状的纹样比较常见。

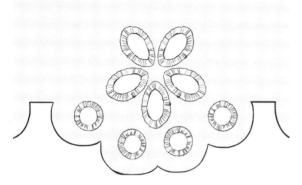

◆ 花边蕾丝

扇贝形的半圆花边蕾丝，纹样多为四边形或圆形小孔的简单排列。

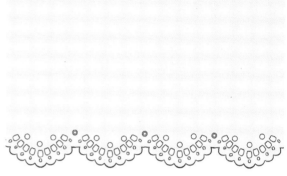

◆ 薄纱蕾丝

六角形的网眼织物添加刺绣的花草图案，能给人一种优雅的美感，常被用于制作婚纱。

◆ 勃兰登堡州手绣蕾丝

起源于德国勃兰登堡州的手工蕾丝，拥有将曲边蕾丝、网眼蕾丝等融合而成的复杂几何图案。

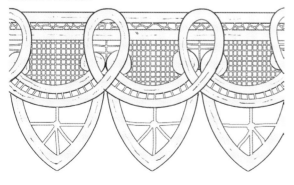

◆ 钩针蕾丝

使用钩针编织而成的蕾丝。编织的手法多种多样，花纹一般也比较大而且比较松散。

褶边（褶饰）

◆ 抽褶

抽褶是指添加在领子、袖子、裙摆等边缘部位的褶皱状装饰。将布边通过抽紧缝线制成的不规则褶边，波感与抽线的松紧程度有关。

◆ 折叠褶边

制作方法正如其名，是将布边进行折叠处理，褶边形状规则整齐，装饰性强。

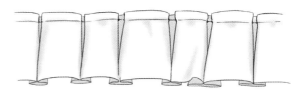

◆ 袖子褶边

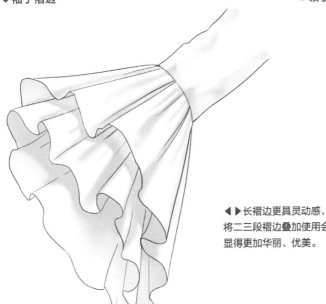

◆ 领子褶边

◀▶长褶边更具灵动感，将二三段褶边叠加使用会显得更加华丽、优美。

◆ 其他褶边

大胆地使用夸张褶边装饰的裙摆和精致褶边装饰的波奈特帽（P.64）。大小、形状各异的褶边可以用来装饰礼服和其他小物件。

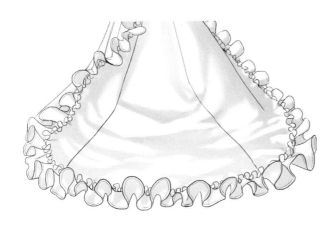

裙摆的褶边

◆ 宽幅的抽褶

◆ 折叠裙褶

▶ 裙长越短，波感会越强，裙摆处的褶边朝向上方或斜上方。

◀ 自上而下，裙子褶边的波感渐弱，裙摆处褶边朝向下方。

◆ 裙褶的数量和质感

在长度相同的裙子上添加褶边，会更容易看出褶边较窄、褶裥量多的面料质地柔软，褶边较宽、褶裥量少的面料较为硬挺。

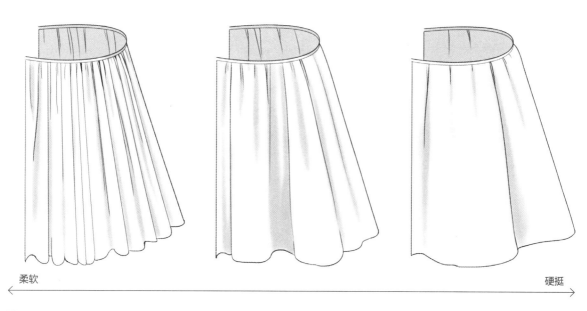

柔软

硬挺

🦋 蝴蝶结

如何找到蝴蝶结的平衡感

无论缎带的粗细，蝴蝶结打结的部分
与缎带两端的宽度大致相同，便可以
达到良好的平衡。

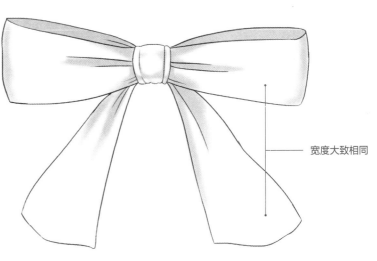

宽度大致相同

细

粗

粗

细

粗

蝴蝶结的设计示例

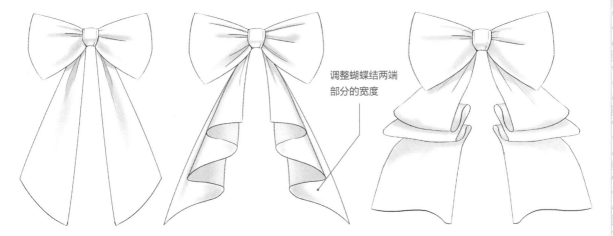

调整蝴蝶结两端
部分的宽度

1-5 礼服的描绘步骤

想要绘制礼服，首先要构想出大体的轮廓，再处理细节部分就会比较得心应手。下面以现代礼服为例，介绍礼服的描绘步骤。

1.确定大体轮廓

首先要在脑海中构思出礼服的大体轮廓。如果一时没有灵感，可以参考本书的第2章"贵妇的礼服"和第3章"现代礼服"。犹豫不决时可以从自己喜欢的元素、主题入手。

◆主题示例：花
百合、水仙→鱼尾裙（P.92）
玫瑰、牡丹→公主裙（P.90）
满天星→添加蕾丝装饰
郁金香→钟形裙（P.93）等

▶垂坠感十足的直筒裙，加上短袖的设计更显优雅。

▶大裙摆向外舒展的A字裙版型，搭配上身的抹胸设计，露出肩膀、锁骨，显得性感、迷人。

2.确定领子和胸口的设计

◀优雅的一字领设计，尽显女性脖颈处优美的线条。

◀经典的圆领设计能突显颈部圆润的线条，可爱、清纯的少女感扑面而来。

▶露背加上胸前露出肌肤的深V领大胆设计，穿上就是性感、美艳的绝代美女。

▶贴合脖颈、手臂线条的直筒设计，散发着冷艳、高贵的气质。

3.确定腰线的位置

▶腰线的位置决定上下身的比例，自胸部位置往下，可分为高腰、中腰、低腰和模糊腰线的设计。

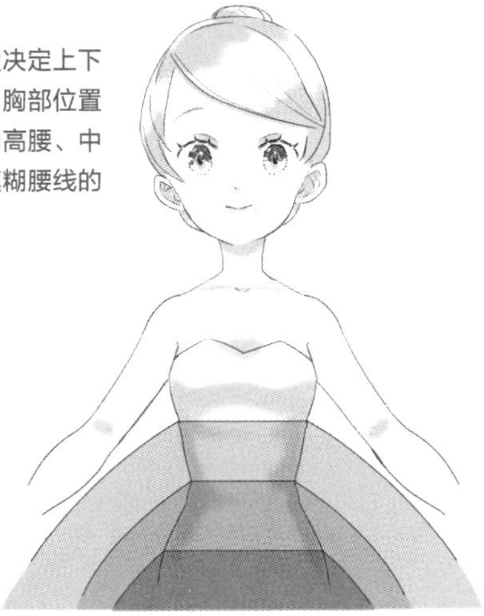

4.确定裙子的样式

▶确定搭配上半身的裙子的样式。描绘礼服的过程就是对各种设计进行加法运算，在第1步构思出的大体轮廓上，再搭配组合各种领子、胸口、裙子的设计就能得到很多不同的款式。

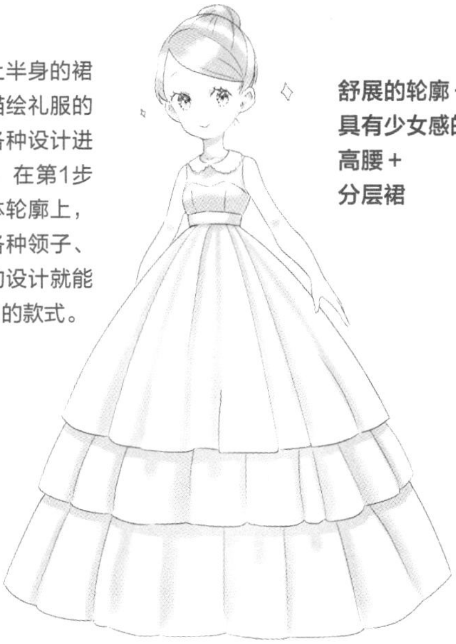

舒展的轮廓+
具有少女感的领子+
高腰+
分层裙

补充：如何添加装饰

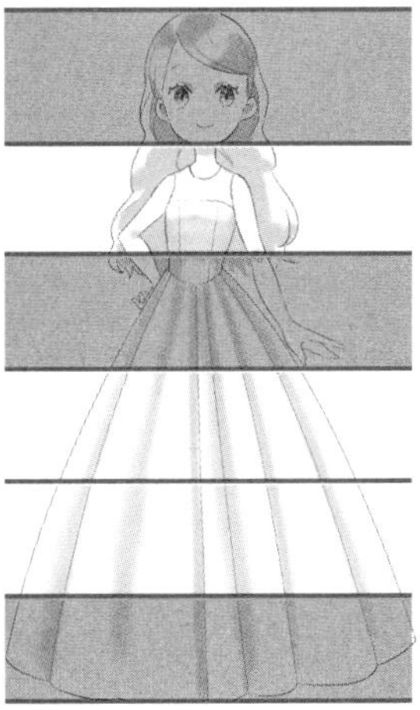

◀确定礼服样式后，不知如何搭配装饰时，可先将人物六等分。如左图所示，间隔一个或两个等分的位置进行装饰。这样可以避免因装饰堆叠而带来的杂乱感，保持上下身的平衡感。

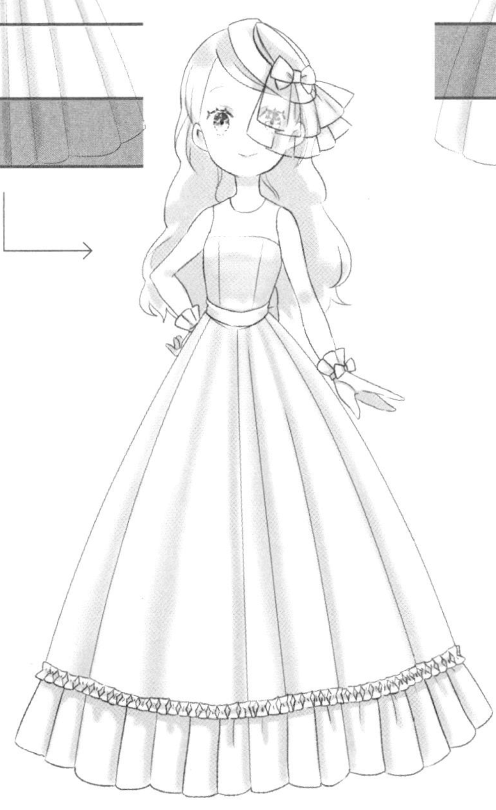

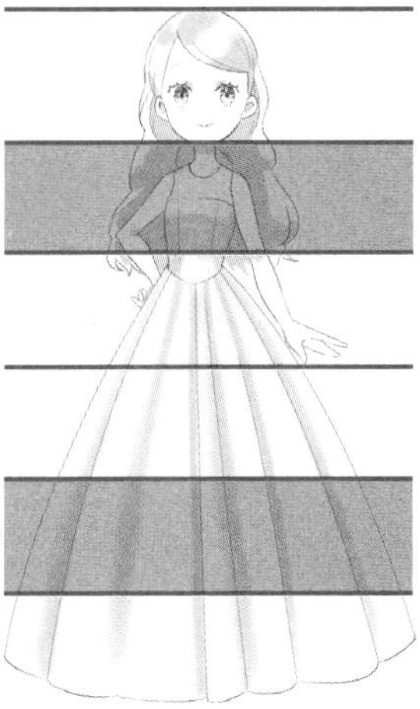

◀同款礼服的另一种装饰方法。任何礼服按照"六等分法则"都可以轻松地完成装饰。

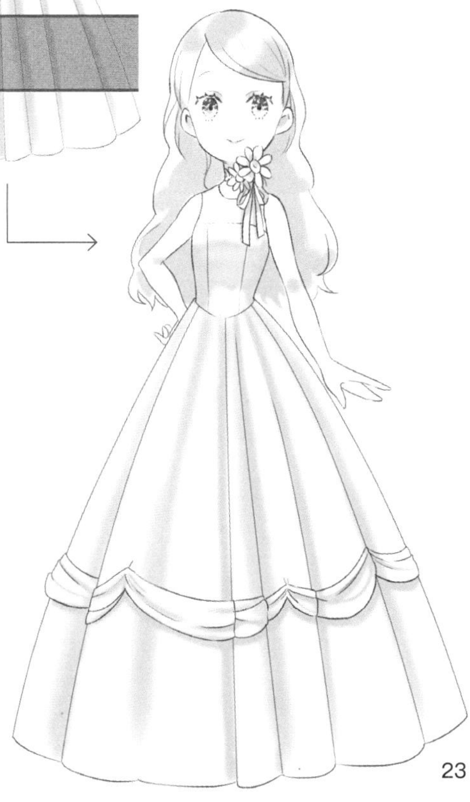

5.确定背部的设计

▶参照礼服后背设计（P.104）来确定背部设计和裙裾设计（参照右下图）。

▶保证前后领子是连接在一起的，不能只在脑海中想象，要用侧视图表现出来。

◀再画上小物件、首饰等配饰，整理细节，完成绘制！

◆裙裾（拖尾）
后裙摆长到可以拖在地板上。在古代，大拖尾是优雅的代名词，现代婚纱也延续了这一精美设计。

1-6 小物件的绘制要点

想让设计精美的礼服更加光彩照人，首饰、宝石等配饰是不可或缺的。下面介绍几种具有代表性的小物件的绘制要点。

首饰设计

主体＋大小装饰设计

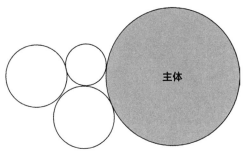

适用于帽子、首饰、花束和鲜花等小物件的绘制。

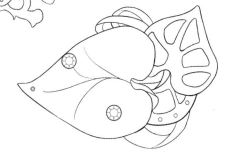

◀▼在描绘小物件时，最好先确定一个主体部分，再围绕主体部分进行展开。找不到灵感时，可以尝试运用植物主题元素，之后再将各个元素拼凑在一起。

主体＋对称设计

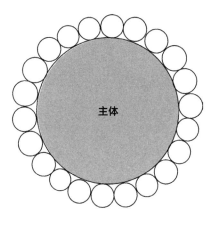

▲▶星星、太阳主题的首饰就是主体+对称的典型设计，多用于帽子的装饰、礼服的花纹及首饰等。

只有主体部分的设计

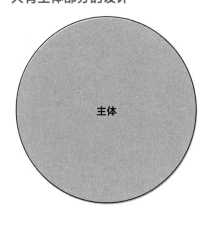

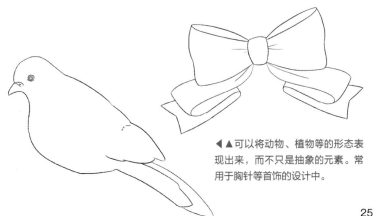

◀▲可以将动物、植物等的形态表现出来，而不只是抽象的元素。常用于胸针等首饰的设计中。

25

折扇的画法

① 画一个等腰三角形

▶先画一个等腰三角形，顶角垂直朝向下方。在三角形内部靠下的位置选定一个点作为扇钉，并画出扇钉。

② 旋转复制三角形

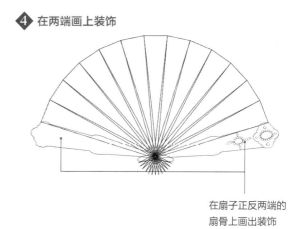

▶以扇钉为中心，旋转复制等腰三角形。

③ 做出扇面形状

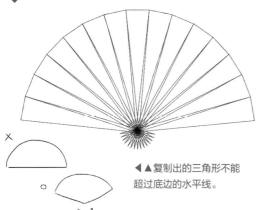

◀▲复制出的三角形不能超过底边的水平线。

④ 在两端画上装饰

在扇子正反两端的扇骨上画出装饰

⑤ 画出内侧线条和扇骨

将扇面外侧两个相邻三角形的底角用直线连接起来

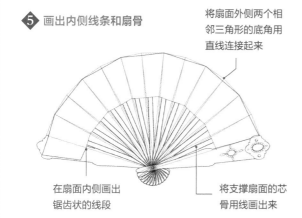

在扇面内侧画出锯齿状的线段

将支撑扇面的芯骨用线画出来

补充：芯骨的位置

芯骨不能放在扇面的中心，而是要稍微偏向一边

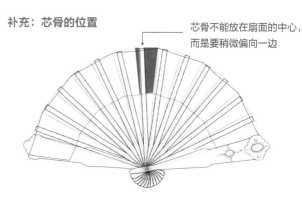

⑥ 擦掉辅助线

▶使用橡皮轻轻擦掉辅助线，折扇的样子就画出来了。

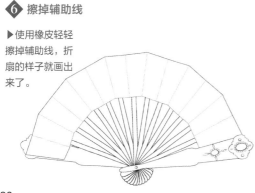

⑦ 添加阴影

▼扇面打开后是呈凹凸状的，因此阴影也要画出凹凸的立体感。

阴影

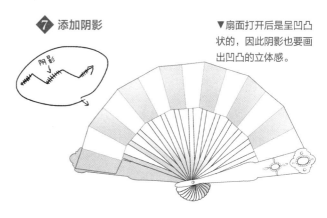

❧ 圆形宝石的画法

① 先画一个圆

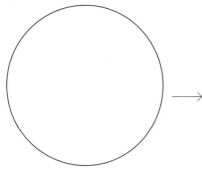

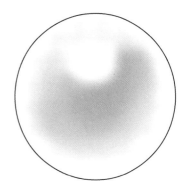

◆ 暗色宝石

◀ 在描绘黑珍珠等暗色宝石时，要添加一点白色来表现光线照射到宝石上的光泽感。

◆ 有透明感的球体

先在球体的上方画出像黑珍珠等暗色宝石那样的高光部分。再沿着圆的底侧，画出底部透过来的暗色和光反射出来的亮色，以表现出透明感。

◆ 亮色宝石

在描绘珍珠等亮色宝石时，可以使用喷枪工具绘制出朦胧的白光。

❧ 切割后的宝石的画法

◆ 不透明的宝石

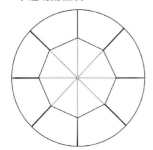

▲ 先画出一个圆形并将其八等分，接着连接各个等分线的中点画出一个八边形。

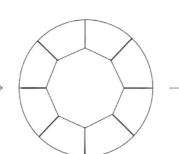

▲ 轻轻地擦掉八边形内部的线条。

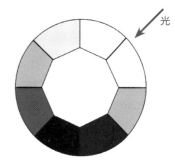

▲ 将向光的一面设定为亮面，另一面设定为暗面，画出阴影和高光。

◆ 透明的宝石

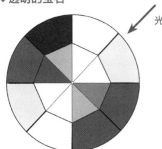

▲ 透明的宝石向光一面的对面也是亮的，距离光的入射角越远亮度越低。

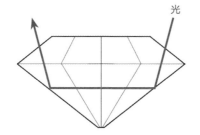

▲ 照射到宝石内部的光会发生折射，如左图所示，沿着光直线照射的面也是亮的。

▲ 要想更形象一点，可以将暗面处理成渐变效果，再加入白色的小三角形，擦掉一部分的线条，高级感就呈现出来了。

毛皮的画法

▲接着顺着同一个方向画出许多不相交的弓形斜线，绘制软毛皮。长短、粗细各异的线条可以表现出毛皮零散且浓密的质感。

▲绘制质感粗糙的毛皮，先用线条画出如上图所示那样的颇有硬度的毛皮，这有别于备受贵妇喜爱的软毛皮的质感。

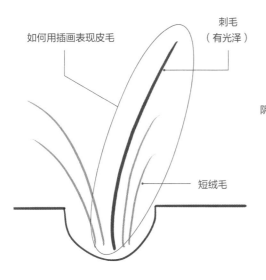

如何用插画表现皮毛

刺毛（有光泽）

短绒毛

▲毛皮是由有光泽的刺毛和短绒毛组成的。一般先画出刺毛来确定大体轮廓。

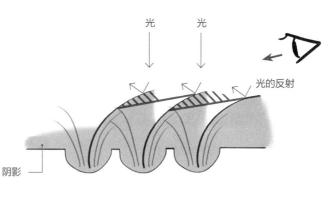

光　光

光的反射

阴影

▲**描绘毛皮的卷曲形态**

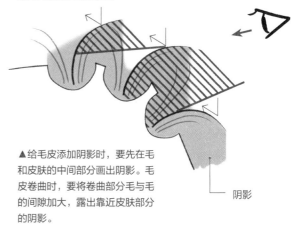

阴影

▲给毛皮添加阴影时，要先在毛和皮肤的中间部分画出阴影。毛皮卷曲时，要将卷曲部分毛与毛的间隙加大，露出靠近皮肤部分的阴影。

毛皮的轮廓

▲用长斜线勾勒出毛皮的轮廓，在有起伏的部位添加短斜线，可以表现出毛皮松软的质感。使用长短不一的斜线可以表现出毛皮的体积感。

▲在毛皮有起伏的部分下方添加阴影，即可完成绘制。阴影尽量不要画得太过清晰，只需用笔轻轻地描出斜线，或将线条进行模糊处理，以突显其蓬松的质感。

第 **2** 章

贵妇的礼服

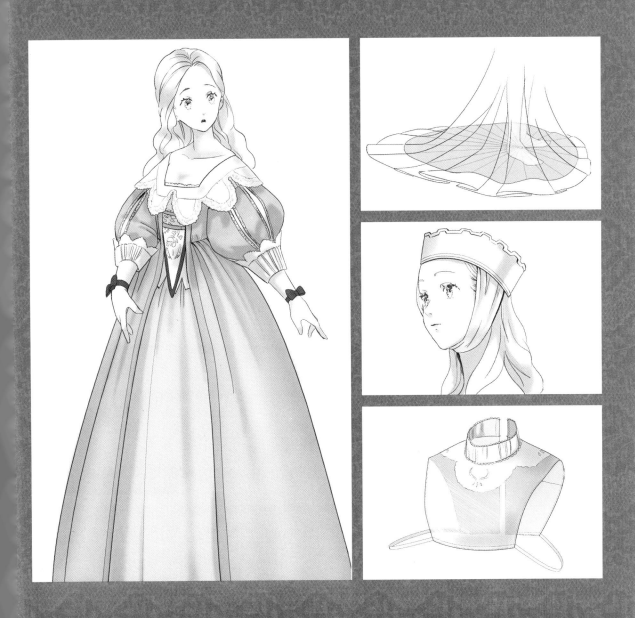

2-1 罗马式时代

这是于11~12世纪的中世纪欧洲发展起来的罗马风格服装样式。这个时代最具代表性的服装是名为"丘尼卡"（tunica*）的简型连衣裙。

前侧

🌸 布里奥（bliaut）

一片式外袍，特点是上紧下松，裙长及踝或及地，袖口也宽得能拖到地上。

腰部的布料会因受到挤压而出现横向的褶皱。

后侧

布里奥的着装特征是一条长长的腰带。系法是先把腰带在腰围处自前向后绕，在后背交叉或系一下再绕回前面，在前面低腰处（腹部）系个结或松松地系一下，让有穗饰的两端垂于前面。

*tunica：拉丁语，简型连衣裙，后逐渐发展为内衣。（编者注）

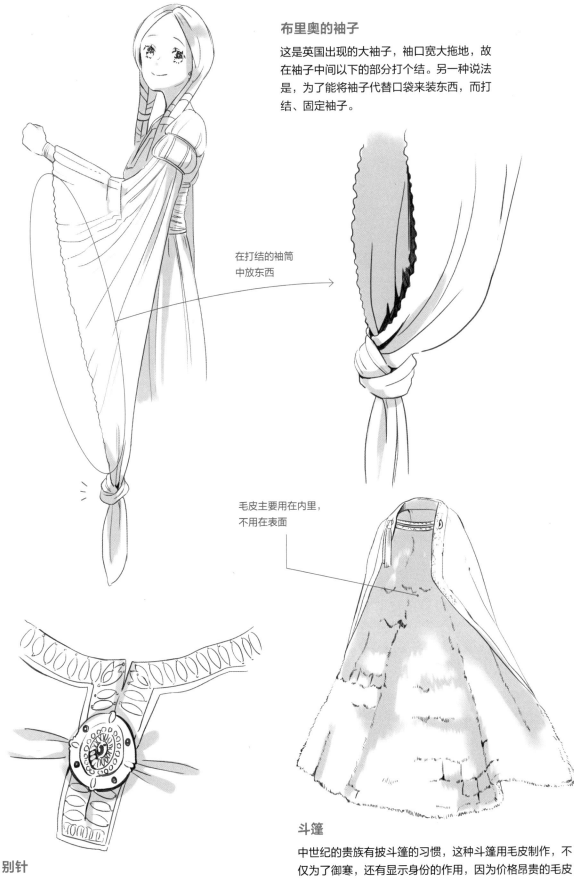

布里奥的袖子

这是英国出现的大袖子，袖口宽大拖地，故在袖子中间以下的部分打个结。另一种说法是，为了能将袖子代替口袋来装东西，而打结、固定袖子。

在打结的袖筒中放东西

毛皮主要用在内里，不用在表面

别针

用来固定衣服前襟的开口部分和斗篷，作为别扣使用。

斗篷

中世纪的贵族有披斗篷的习惯，这种斗篷用毛皮制作，不仅为了御寒，还有显示身份的作用，因为价格昂贵的毛皮是身份的象征。

哥特式时代

2-2

12世纪后半叶~15世纪在欧洲大陆流行的艺术风格。紧身服装的流行和纽扣的出现，大大影响了服装及其他时尚元素的发展。

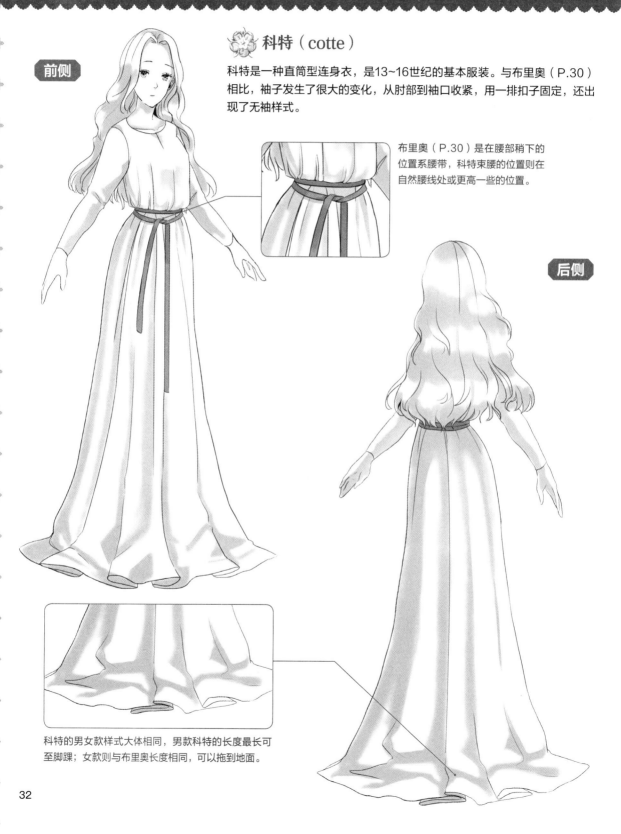

前侧

科特（cotte）

科特是一种直筒型连身衣，是13~16世纪的基本服装。与布里奥（P.30）相比，袖子发生了很大的变化，从肘部到袖口收紧，用一排扣子固定，还出现了无袖样式。

布里奥（P.30）是在腰部稍下的位置系腰带，科特束腰的位置则在自然腰线处或更高一些的位置。

后侧

科特的男女款样式大体相同，男款科特的长度最长可至脚踝；女款则与布里奥长度相同，可以拖到地面。

修尔科（surcote）

中世纪的一种上衣，穿在科特外面。修尔科的袖子长短、宽窄变化很多，也有无袖的。胸口和下摆处有华丽的装饰。

最初的科特

13世纪左右，女性开始穿着不系腰带的服装。到了14世纪左右开始流行收腰的细长形轮廓，通过腰带来显现腰线。

颈布（barbette）

12世纪~13世纪，贵妇用来固定发饰和帽子的一种宽下巴带。材质一般为白色的亚麻布。

科塔尔迪连衣裙（cotehardie）

起源于意大利，流行于欧洲，特点是从腰部到臀部都非常合身。

上半身是一种名为"露肩"的大开领设计，领口宽大可袒露双肩。开始使用与现代相同的纽扣，一般为前开式设计。

后侧

◆蒂佩特（tippet）
缠在袖肘处的一条很长的别色布的垂饰，一般在七分袖或五分袖的位置上卷起，从腰部垂下，短至膝盖，长至脚踝。

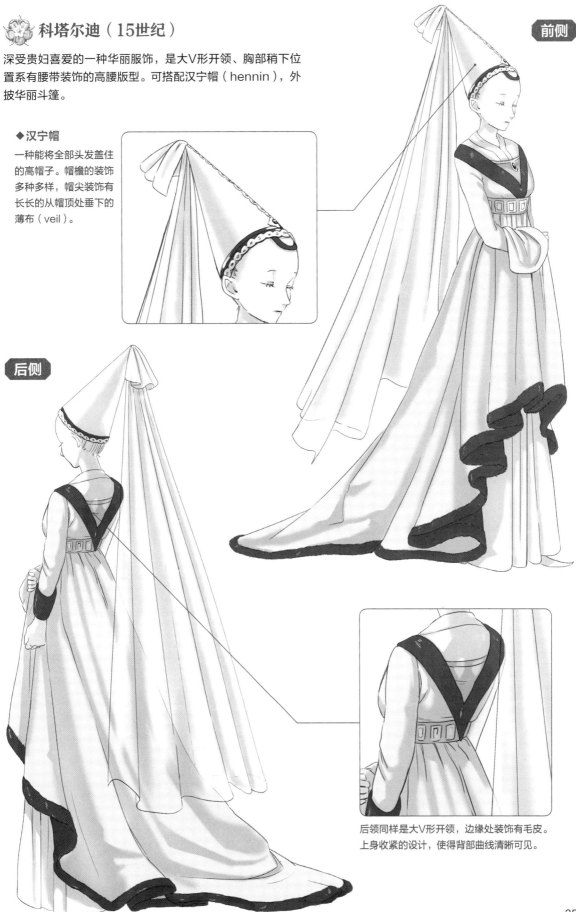

🌸 科塔尔迪（15世纪）

深受贵妇喜爱的一种华丽服饰，是大V形开领、胸部稍下位置系有腰带装饰的高腰版型。可搭配汉宁帽（hennin），外披华丽斗篷。

◆ 汉宁帽
一种能将全部头发盖住的高帽子。帽檐的装饰多种多样，帽尖装饰有长长的从帽顶处垂下的薄布（veil）。

后侧

后领同样是大V形开领，边缘处装饰有毛皮。上身收紧的设计，使得背部曲线清晰可见。

侧开式修尔科（sideless surcote）

两侧袖窿开口很深的修尔科（P.33），前片比后片向里挖得更多。从两侧的大洞可以看到里面的科塔尔迪和那条装饰在臀围线附近的华美腰带。

侧开式修尔科

后侧

▼哥特式时期贵族以长裙裾为美，科塔尔迪和侧开式修尔科（surcotouvert）等女性服饰的裙裾都很长。

两侧开口，从背后可以清楚地看到下身衣服和身体的优美曲线。边缘部分一般由毛皮和刺绣装饰。

哥特式服装的穿着方法：侧开式修尔科

1 先穿科塔尔迪

先穿上科塔尔迪，并系好腰带。科塔尔迪里面一般会穿一件长至脚踝的内衣裙，从外面是看不出来的。

2 再穿侧开式修尔科

在科塔尔迪上套上只能遮住领部和身体中央部分的侧开式修尔科，露出里面科塔尔迪的袖子和身体两侧。

◆ 侧面图

◀ 与贴合身体线条的科塔尔迪相比，侧开式修尔科更宽松一点，从侧面可以看到衣服与身体之间的距离。

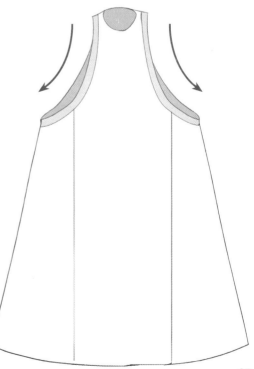

▶ 与一般的修尔科不同，侧开式修尔科的袖口下侧有一个纵长的类似梯形的大镂空。

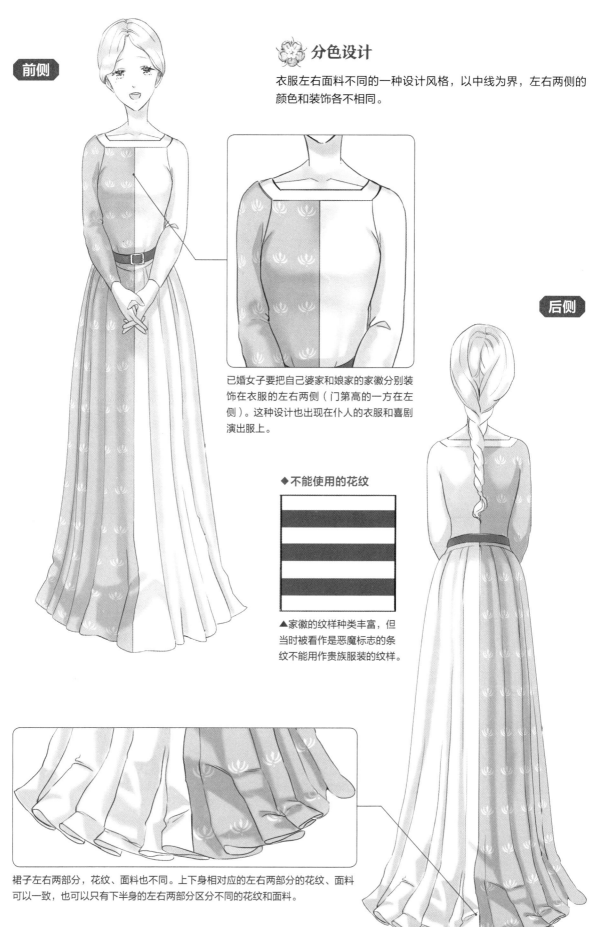

🌸 分色设计

衣服左右面料不同的一种设计风格，以中线为界，左右两侧的颜色和装饰各不相同。

已婚女子要把自己婆家和娘家的家徽分别装饰在衣服的左右两侧（门第高的一方在左侧）。这种设计也出现在仆人的衣服和喜剧演出服上。

◆ 不能使用的花纹

▲家徽的纹样种类丰富，但当时被看作是恶魔标志的条纹不能用作贵族服装的纹样。

裙子左右两部分，花纹、面料也不同。上下身相对应的左右两部分的花纹、面料可以一致，也可以只有下半身的左右两部分区分不同的花纹和面料。

吾普朗多盛装外袍（houppelande）

14世纪末到15世纪中叶出现的一种宽松的装饰性外衣。肩部较为合体，从肩部向下衣身非常宽松肥大，高腰身，要系带，衣长及地，裙子部分非常肥大，袖子很大，袖口呈扇形，长垂至地面。

◆ 艾斯科菲恩
（Escoffion）
在头上横向展开的两个发结上罩个网，在这个网外面套上金属丝折成的骨架，再在这个骨架上披纱。图示造型为"U"字型。这一时期，人们不愿让别人看到自己的头发，于是便把头发全部藏进帽子里。

后侧

吾普朗多为宽松版型，人们会在高腰位置系一个腰带来突显腰身。有些的袖口处有锯齿状的开口装饰。

裙子的绘画技巧 | 哥特式时期的礼服

哥特式时期的服装大多衣长及地，裙摆落在脚下向外铺展开来。展开的裙摆，我们可以把它看成一片荷叶。

以荷叶的画法绘制结构图

与洛可可时期膨大的帕尼埃*不同，哥特式风格的服装倾向于布料一贯而下的版型。在描绘脚下铺展开的裙摆时，可以脚后跟为中心，画出类似荷叶及叶脉的线条，就能绘制出好看的裙褶了。

（＊panier，法式撑架裙。）

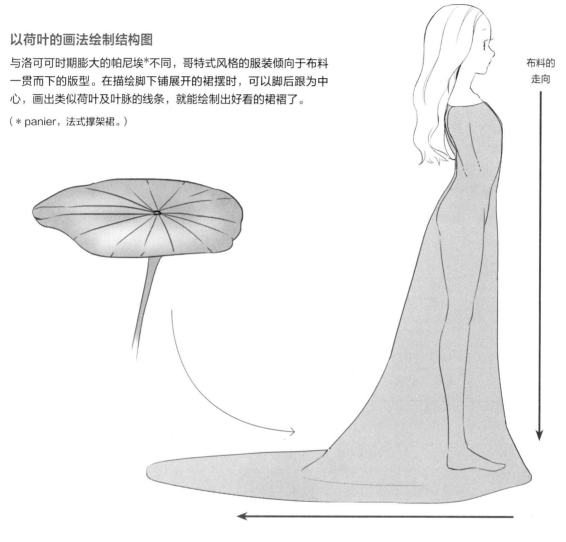

布料的走向

◆侧面

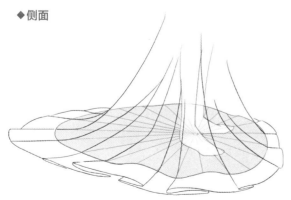

首先绘制出人物的脚以确定站立的位置。将脚后跟的位置设定为荷叶的中心，画一个向后偏的荷叶，并画出放射状的叶脉。以叶脉的放射线为参照，向上画出裙子褶皱的线条，裙子的立体感即可呈现出来。

◆正面

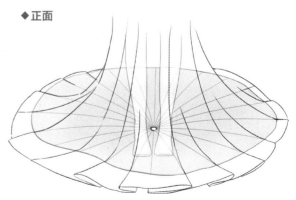

同侧面一样，先画出人物的脚，以脚后跟的位置为中心，画出荷叶和叶脉。沿叶脉描画出裙摆向上的线条，最后在裙摆部分画出褶皱，即可呈现出裙摆在脚下铺展开的感觉。

文艺复兴时期

15世纪~16世纪的欧洲兴起了一场艺术运动——"文艺复兴运动"。紧身胸衣的出现，很大程度上推动了女性服装时尚的发展。

前侧

🌸 文艺复兴前期

16世纪前半叶，装饰以宝石、刺绣的意大利风格服装盛行。及地长裙替代了大拖尾款式的裙摆，裙摆也更加圆润飘逸。

罗布（法语，连衣裙的意思）上身和袖子装饰有华丽的刺绣纹饰，领子部分装饰以甜美风格的褶边。脖颈及腰部则倾向于装点珍珠、宝石等华美的饰品。

后侧

与多为高腰设计的哥特式时代服装不同，文艺复兴时期的服装追求自然的腰线位置，会在腰部添加首饰来突显腰线。

文艺复兴中期

于16世纪中期开始流行的西班牙风格服装。车轮状褶皱的领饰和肩部膨起的填充式厚厚的袖子是这个时代服装的典型特征。紧身胸衣（basquine）和法勤盖尔（farthingale，一种西班牙风格的裙撑）的发明使得纤细的腰部和膨大的下半身轮廓成为主流。

为了掩饰袖根的接缝，肩轮这一肩饰应运而生。膨起的袖子被分成间距相等的几段，形似莲藕，袖口有褶边装饰，增加了整体的灵动感。

上半身沿背中线向下收紧，腰部纤细。在绘画过程中需要描绘出膨大的裙子来强调腰部的纤细。

◆**羊腿袖（gigot sleeve）**
一种袖根肥大，从袖根
到袖口逐渐变细，形状
酷似羊腿的袖子，在文
艺复兴后期十分流行

文艺复兴后期

16世纪后期，以伊丽莎白一世为代表的英国（英格兰）
风格服装。大开领、接缝明显且可拆卸的厚袖子、从腰
部开始膨起的裙子是这一时期特有的服饰特征。

◆**三角插片
（stomacher）**
前开式服装胸前的倒
三角形装饰胸布，
胸口处添加有褶边装
饰，表面有花朵、几
何图形的纹饰，精美
典雅。

后侧

隐藏在后颈处的大"伊丽莎白领"，边缘成花瓣形
并装饰有蕾丝。如图所示，领子呈高耸的扇形，
围在脖子上。

✿礼服的绘画技巧 文艺复兴后期的礼服

文艺复兴后期的服装有着独一无二的版型，裙子从腰部向四周伸展。我们可以将其看作是苹果的轮廓来进行绘制。

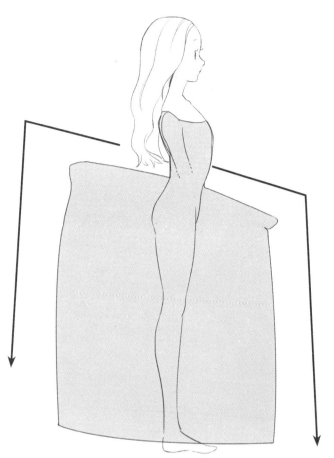

形似苹果的画法

文艺复兴后期的裙子为向四周大幅度平伸的圆柱形，上半部分的前侧略低。我们可以将裙子看作是一个带柄的苹果，身体后侧像是在苹果柄旁放一个馒头的样子。

◆ 侧面

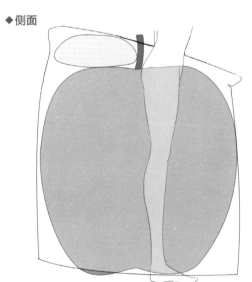

◆ 正面

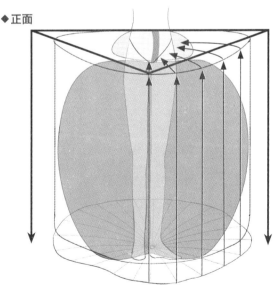

在从臀部到脚底的高度范围内画一个苹果，在苹果柄处画出腰线的位置。在苹果中间绘制臀线，在苹果柄后侧画一个馒头，沿馒头顶部往前经过腰的位置拉一条线，描绘出裙子的大体轮廓。

正视图同样是先画一个与臀同高的苹果，再在身后画一个馒头。将馒头的顶点作为裙子上侧的高度，将苹果的宽度设定为裙子的宽度，这样便可以轻松地绘制出裙子。最后使用"荷叶的画法"（P.40）绘制出裙子精美的褶边。

44

文艺复兴时期服装的穿着方法

1 穿内衣

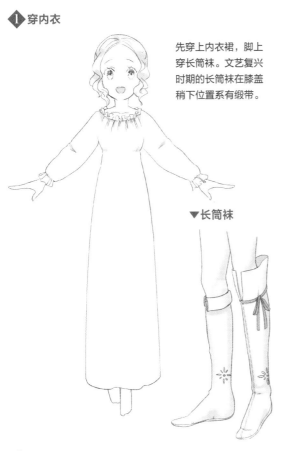

先穿上内衣裙，脚上穿长筒袜。文艺复兴时期的长筒袜在膝盖稍下位置系有绶带。

▼长筒袜

2 穿紧身胸衣（P.48）

上半身使用束胸的紧身胸衣来调整体型。后来甚至出现了金属制的紧身胸衣*。

* 金属制的紧身胸衣仅为医学矫正用，不会日常穿着。

▼金属制的紧身胸衣

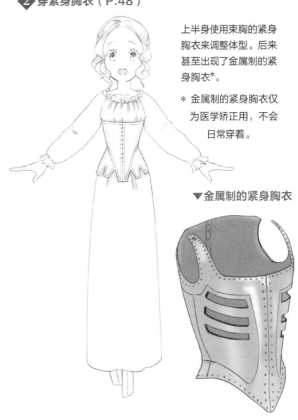

3 下半身穿法勤盖尔（P.48）

穿上连接紧身胸衣的法勤盖尔，能使下半身的裙子更加膨大。

4 戴上腰圈

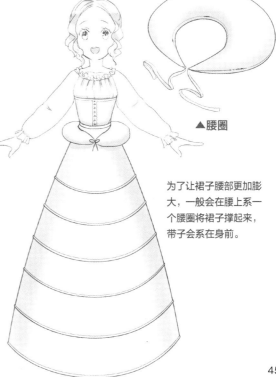

▲腰圈

为了让裙子腰部更加膨大，一般会在腰上系一个腰圈将裙子撑起来，带子会系在身前。

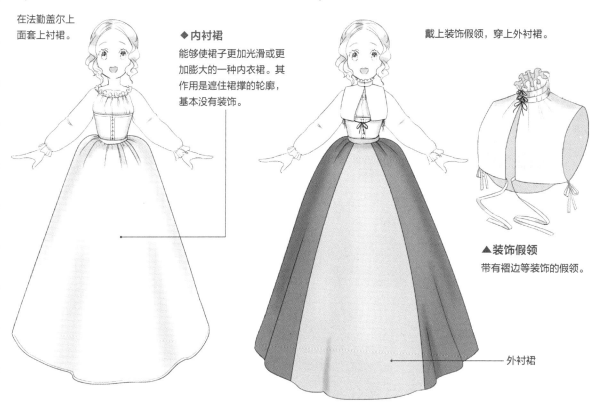

5 套上内衬裙

在法勤盖尔上面套上衬裙。

◆ **内衬裙**

能够使裙子更加光滑或更加膨大的一种内衣裙。其作用是遮住裙撑的轮廓，基本没有装饰。

6 佩戴假领，穿上外衬裙

戴上装饰假领，穿上外衬裙。

▲ **装饰假领**

带有褶边等装饰的假领。

外衬裙

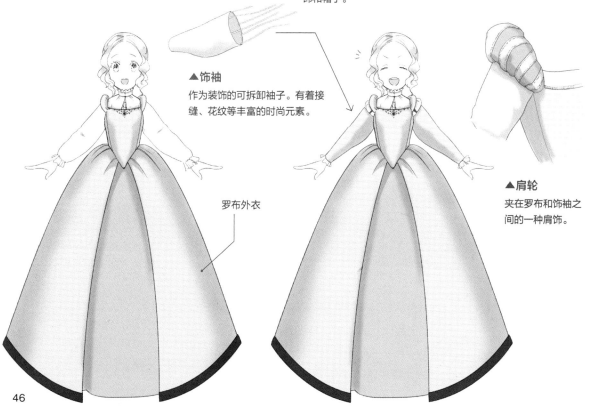

7 穿上罗布

穿上罗布外衣。无袖款式的罗布，可搭配饰袖。

▲ **饰袖**

作为装饰的可拆卸袖子。有着接缝、花纹等丰富的时尚元素。

罗布外衣

8 缝接饰袖

将饰袖缝接在罗布外衣上，接缝用肩轮的肩饰来掩盖。最后佩戴首饰和帽子。

▲ **肩轮**

夹在罗布和饰袖之间的一种肩饰。

文艺复兴时期的服饰和内衣

三角兜帽（英式兜帽）

帽檐部分近似菱形的英伦风帽饰。头部后方垂下来的布一般为黑色。

法式兜帽

一种法国风的帽饰，头部后方有垂纱。

头巾

戴在头上的一种小帽饰。早期的头巾是将头发完全包裹住的，直到文艺复兴晚期才开始露出前面的头发。另外头巾也经常被佩戴在更加华丽的兜帽下面。

玛丽·斯图尔特帽

从额头中央向下弯折的一种手帕状帽饰。一般用丝或麻制成，并装饰有珍珠和蕾丝包边。

发网

将脑后部分用发网罩住的一种头饰。发网部分用带子固定，额头上戴着被称为"菲罗涅罗"（法语"ferronnière"）的头饰，非常洋气。

拉夫领

流行于欧洲众多国家的一种独立领饰，类似磨盘状的褶饰花边领是文艺复兴时期独具特色的服饰部件。

蕾丝拉夫领

外部边缘部分用花边和蕾丝装饰的拉夫领。

伊丽莎白领

从前面打开，后颈处为扇形的高耸立领，多用薄纱制作，并装饰有细蕾丝。高耸的扇形立领通过金属丝支撑，以达到衬托五官和头部的视觉效果。

钱袋

用细绳挂在腰带上的钱袋，是现代包包的鼻祖，广泛流行于各个阶层，且深受女性喜爱。

胸衣

这是能修饰体型的内衣。它是紧身胸衣（P.61）的原型，在不同的时代和场所，其称呼和细部的形状有所不同。

▶腰圈的侧视图

裙子从腰部开始膨大，前侧窄、后侧宽的形状能让臀部显得更翘。

法勤盖尔

法勤盖尔是一种呈吊钟形或圆锥形的裙撑，用来修饰体型。英国和法国女性除了法勤盖尔外，还会在腰间再系一个腰圈，以使裙子更加膨大。

巴洛克时期

2-4

这是16世纪末~17世纪在欧洲流行的一种文化样式。这一时期与以往相比装饰发生了很大的改观，礼服更加华丽、精美，更追求设计感。

前侧

🌸 巴洛克荷兰风时期

17世纪前半叶的女性服装摒弃了法勤盖尔，转变为高腰且更方便活动的版型。不过上半身依然保留了文艺复兴时期宽大的羊腿袖（P.43）和一些细节设计。

透过羊腿袖的大开口（裂口：斯拉修装饰）可以看到里料，袖长一般为七分袖，袖口处用蕾丝收紧且有褶边装饰。

后侧

上身较短、袖子膨大的高腰设计，进一步从视觉上使上半身显得短一些。

巴洛克礼服（西班牙风）

17世纪中期的西班牙风礼服，上半身依然保留了宽大的羊腿袖，撑起裙子的内衣依旧流行，开始出现横向扩展的裙装礼服。

裙子部分整体呈梯形。没有裙褶，而是把布料拼接起来的裙摆可以看到接缝。

后侧

肩部大面积装饰蕾丝，文艺复兴后期流行的肩轮消失不见，自然、柔和的肩形俘获了女人心。

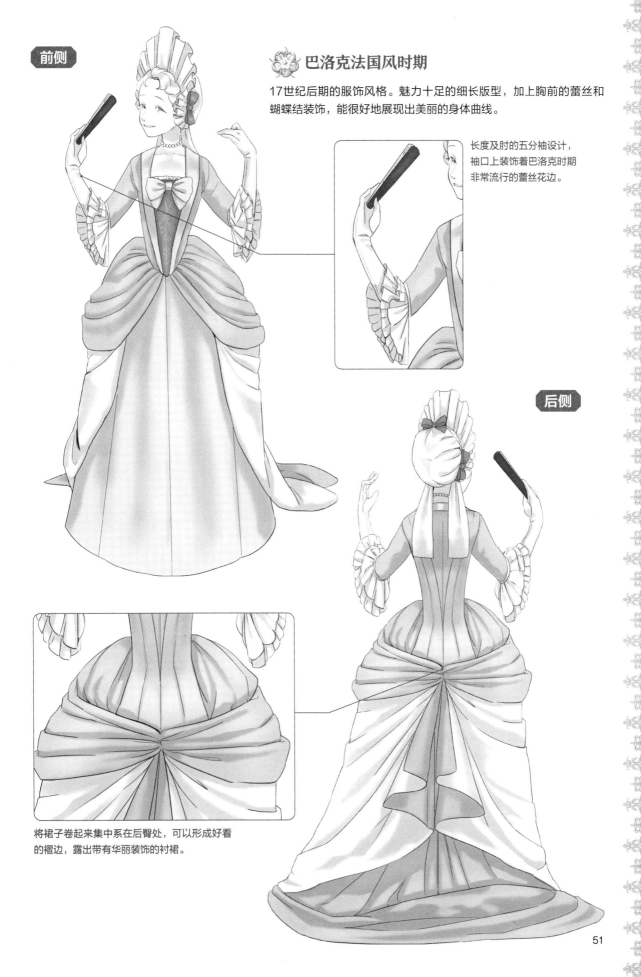

🌸 巴洛克法国风时期

17世纪后期的服饰风格。魅力十足的细长版型，加上胸前的蕾丝和蝴蝶结装饰，能很好地展现出美丽的身体曲线。

长度及肘的五分袖设计，
袖口上装饰着巴洛克时期
非常流行的蕾丝花边。

后侧

将裙子卷起来集中系在后臀处，可以形成好看
的褶边，露出带有华丽装饰的衬裙。

裙子的绘画技巧 巴洛克后期的礼服

巴洛克后期的服装为上半身裹胸束腰、裙子膨大的版型，看起来像一个红酒瓶。外翻的裙摆会让人分不清表面和里面，将其看成瓶子与布的构造会更容易理解。

如何简单理解裙摆后翻？

① 用布（没有的话，可以用餐巾纸）将身边常见的塑料瓶或者酒瓶形状的东西卷起来。

② 将裙子卷起后，集中系在后臀处，并进行固定。

③ 裙摆后翻，可以露出里面美丽的衬裙。

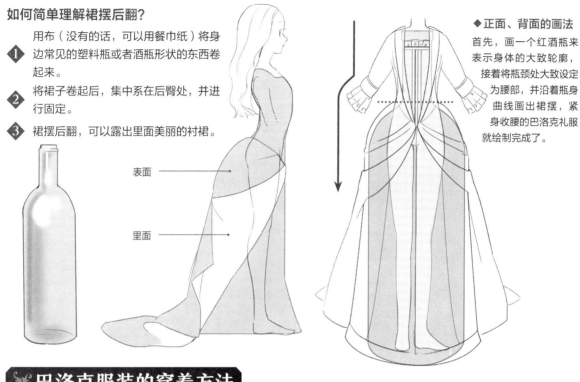

表面

里面

◆ **正面、背面的画法**
首先，画一个红酒瓶来表示身体的大致轮廓，接着将瓶颈处大致设定为腰部，并沿着瓶身曲线画出裙摆，紧身收腰的巴洛克礼服就绘制完成了。

巴洛克服装的穿着方法

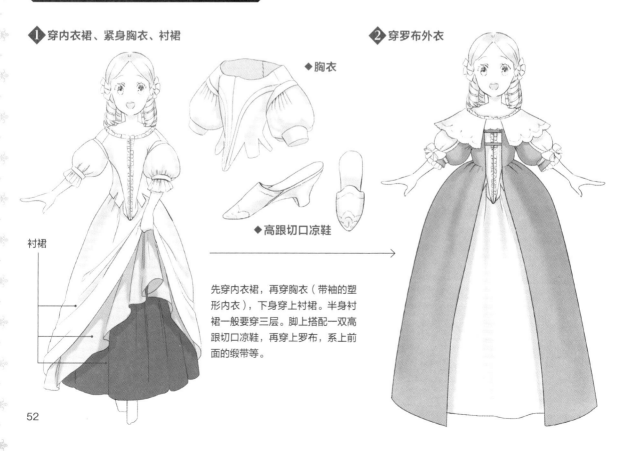

① 穿内衣裙、紧身胸衣、衬裙

◆ 胸衣

衬裙

◆ 高跟切口凉鞋

② 穿罗布外衣

先穿内衣裙，再穿胸衣（带袖的塑形内衣），下身穿上衬裙。半身衬裙一般要穿三层。脚上搭配一双高跟切口凉鞋，再穿上罗布，系上前面的缎带等。

巴洛克时期的配饰

遮阳伞

巴洛克时期以白为美，防晒用的遮阳伞是必需品，甚至成为贵族女性的嫁妆。

扇子

发源于中国的一种时尚小物件，扇面用纸制成，并使用蕾丝、宝石等进行装饰。不同的装饰材料也成为区分身份地位的重要标志。

手套

巴洛克时期女装的袖子较短，手套应运而生。一般为纯棉或丝绒质地。

手笼

巴洛克时期的女装袖子变短后，人们开始用手笼来暖手、保温。

面具

假面舞会上用来隐藏身份的面具，装饰有精美的花纹和饰品，设计丰富多彩。有时候女性在出门时也会戴面具防晒。

纱巾

防晒用的薄纱，可以遮住头颈。贵族女性会将纱巾作为时尚配饰来穿搭。

贴黑痣

为衬托皮肤的白皙而流行起来的贴黑痣。黑痣形状各异，有星星形的、月亮形的等。粘贴的位置不同，寓意也不同：贴在眼尾意为热情，贴在鼻子上意为乖戾，贴在唇边意为性感、妖艳。

洛可可时期

2-5

18世纪初~18世纪后期，以法国为中心掀起了一股洛可可风格的艺术潮流。这一时期裙子膨大、饰品烦冗、发型夸张，尽显奢华之美。

🌸 **飘逸式罗布**

洛可可时期初期的一种女装款式。领口开得很大，并在上面装饰有蕾丝花边，背部有两组箱形褶，从肩部直至地面形成斗篷样式的造型。上下、前后形成强烈对比，能突显臀部，充分体现女性美的特征。

前侧

礼服前后宽松，上半身穿着紧身胸衣，从侧面可以隐约看到流畅的腰线。

后侧

◆华托褶

华托褶的典型特点是从背部到裙摆的箱形裙褶。因为洛可可时期的宫廷画家安东尼·华托在其画作中经常以有这种褶子的衣服作为绘画对象，故被称为华托褶。

法式罗布
（法语 "robe à la francaise"）

洛可可时期鼎盛时期的一种法式风格宫廷服饰。前开式的罗布（宽松外衣）胸前插有三角插片，裙子里面穿着衬裙，使用大量褶边和蝴蝶结进行装饰，十分典雅、华丽。

装饰华丽、光彩夺目的三角插片，插在外衣胸前。每次穿着时都需要用针将其固定在束胸上。

外衬裙

后侧

繁缛复杂的高发髻搭配各种富有想象力的装饰。人们在这种高发髻上挖空心思地设计了很多特制的装饰物，譬如山水画的装饰、庭院盆景的装饰以及船的模型等。

▲背部的箱形褶如图所示。裙摆部分的裙褶向外扩展的线条比较缓和。

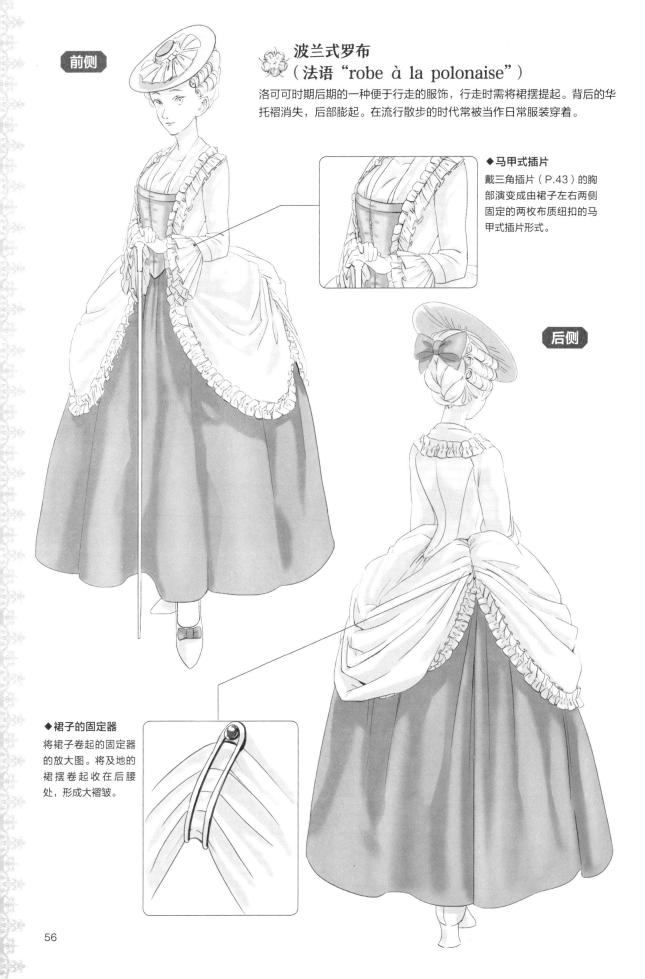

波兰式罗布
（法语"robe à la polonaise"）

洛可可时期后期的一种便于行走的服饰，行走时需将裙摆提起。背后的华托褶消失，后部膨起。在流行散步的时代常被当作日常服装穿着。

◆马甲式插片

戴三角插片（P.43）的胸部演变成由裙子左右两侧固定的两枚布质纽扣的马甲式插片形式。

后侧

◆裙子的固定器

将裙子卷起的固定器的放大图。将及地的裙摆卷起收在后腰处，形成大褶皱。

法式罗布的穿法

从罗布的左右两侧将裙摆拉出来，使其更便于
行走的一种穿衣方法。与波兰式罗布同时在法
国流行。

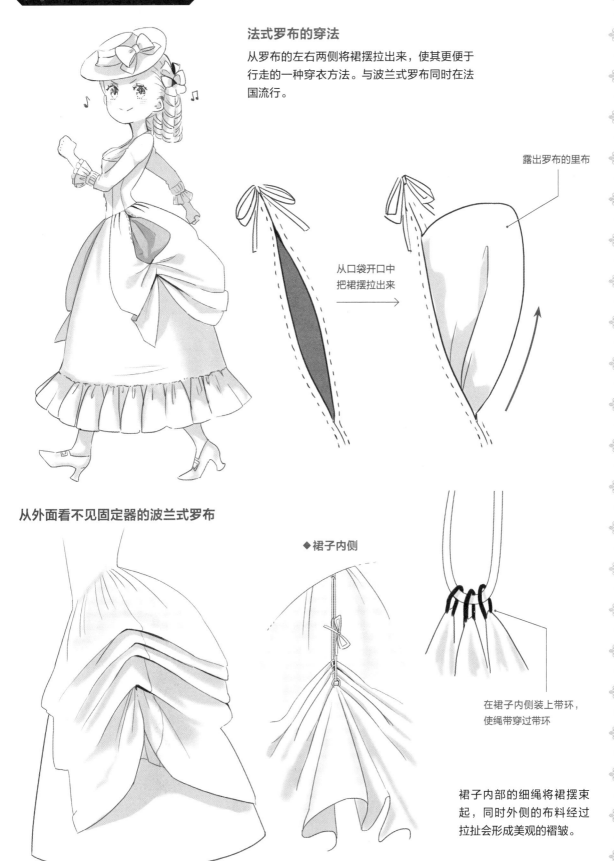

露出罗布的里布

从口袋开口中
把裙摆拉出来

从外面看不见固定器的波兰式罗布

◆裙子内侧

在裙子内侧装上带环，
使绳带穿过带环

裙子内部的细绳将裙摆束
起，同时外侧的布料经过
拉扯会形成美观的褶皱。

🌸 英式罗布
（法语 "robe à l'anglaise"）

洛可可时期后期前胸闭合的罗布和衬裙组成的英国风服饰。英式罗布去掉了帕尼埃，前后的腰线都向下突出，通过起自腰线接缝处的许多碎褶形成裙身的体积感。部分英式罗布也会通过臀垫来增大裙子的体积。

设计更加简洁，胸部的三角插片也变为和罗布一体的形式。

后侧

也可以用裙子内部的细带将裙摆捆束起来，以提高下摆

背面的华托褶缝在了腰部到裙摆的位置上，使上半身的线条更为流畅。腰部有收腰设计，裙子部分装饰有大量褶饰。

🌸 裙子的绘画技巧 法式罗布

法式罗布是具有代表性的横向扩展的裙子，可以将下半身看成日文"円"（同"圆"，日本的货币单位）。并排画两个"円"可以画出在斜侧面和上方有角度的展示图。

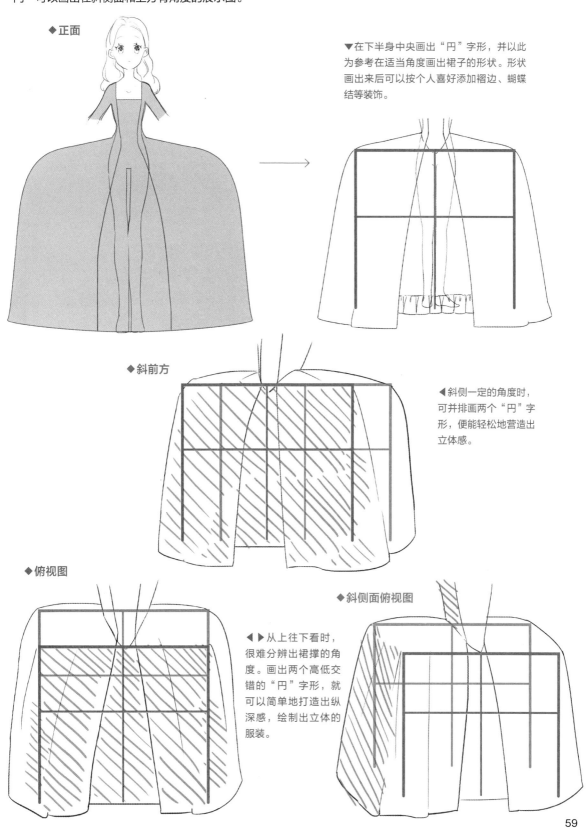

◆ 正面

▼在下半身中央画出"円"字形，并以此为参考在适当角度画出裙子的形状。形状画出来后可以按个人喜好添加褶边、蝴蝶结等装饰。

◆ 斜前方

◀斜侧一定的角度时，可并排画两个"円"字形，便能轻松地营造出立体感。

◆ 俯视图

◀▶从上往下看时，很难分辨出裙撑的角度。画出两个高低交错的"円"字形，就可以简单地打造出纵深感，绘制出立体的服装。

◆ 斜侧面俯视图

洛可可服饰的穿着方法：法式罗布

1 在内衣裙上穿紧身胸衣、帕尼埃

穿上领口和袖口装饰有蕾丝
的内衣裙，上半身穿紧身胸
衣，下半身穿帕尼埃。

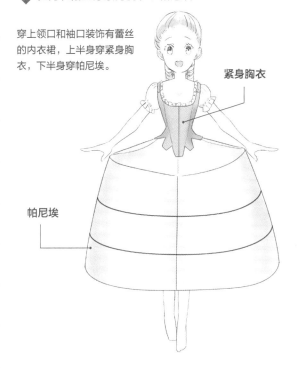

紧身胸衣

帕尼埃

2 套上衬裙

在帕尼埃上套上衬裙，
并在腰部系好细带。

衬裙

3 用针固定上三角插片

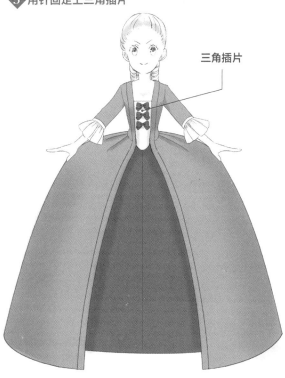

三角插片

从紧身胸衣上端开始，在胸部用针固定三角插片。虽然洛可
可后期帕尼埃和三角插片消失，但基本的穿着方法还是一样的。

4 穿上罗布

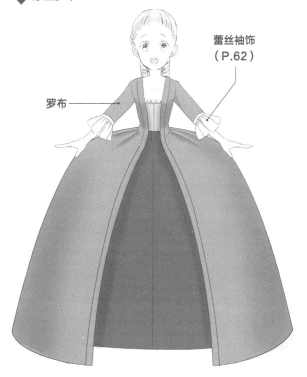

蕾丝袖饰
（P.62）

罗布

在紧身胸衣衬裙外面披上罗布。前开式的罗布，可以露出
里面的精美衬裙。

洛可可时期的服饰和内衣

紧身胸衣

一种收紧胸部到腰部线条的修身内衣。

18世纪后一直用来束胸的紧身胸衣，可将胸部托起，起到强调胸部丰满的作用。

夹克

18世纪后期出现女性穿的夹克。穿在礼服外面，中间有接缝，腰部以下装饰有箱形裙褶。

◆**鞋子**

类似现代的高跟鞋。洛可可时期的鞋子大多用布制成，且大多使用与礼服搭配的布料。

◆**围颈带**

围在脖子上的一种配饰，带有褶边和蕾丝等华丽的装饰。

蕾丝袖饰

18、19世纪流行的假袖子，有两三层抽花刺绣的袖饰，袖口是向外扩展的形状。

帕尼埃（初期）

前后扁平、左右宽大的一种横向裙撑，可用来修正身形。初期的帕尼埃是在"円"字形支架上缝上布制作而成的。

流行的一种名为胡鲁贝柳（法语"hurluberiu"）的卷发发型

帕尼埃（中期）

比初期的帕尼埃更便于行走，前后膨胀度缩小，呈横宽的椭圆形。多用在宫装等豪华礼服上。

18世纪中期出现的左右分开的帕尼埃。减轻了肥大帕尼埃的重量，在上端用细绳系在腰上。

衬裙式连衣裙（chemise dress）

从洛可可时期到新古典主义过渡时期，摒弃了复杂的装饰，追求高腰、直筒的版型。衬裙式连衣裙使用平纹细布制成，版式宽松、肤感柔软。

前侧

领子上有褶边装饰，腰线被提到胸部稍下的位置。面料轻薄，表面有大量的纵向褶皱。

后侧

背部中间用细绳绑好固定，面料与前面相同，有纵向褶皱。袖形多为从肩部到袖口逐渐膨大的泡泡袖。

新古典主义时期裙装的多样搭配

斯潘塞（spencer）

一种披在高腰长裙上的紧身短上衣。因轻薄的长裙无法抵御欧洲的寒冷，所以斯潘塞就成了御寒服饰。其前面用蝴蝶结、纽扣、皮带等进行固定。衣长仅到高腰位置，袖子细长。

斯潘塞（后侧）

同裙子一样，领子部分装饰有褶边，袖子为长款泡泡袖。

◆波奈特（Bonnet）

当时流行的一种质地柔软的女帽。帽子从头顶部向后覆盖住后脑勺，佩戴时用缎带系在下巴下方。初期的帽檐是向上的，19世纪30年代末开始趋于水平，50年代又重新向上抬起，并作为服装配饰逐渐普及。

骑装外套（redingote）+披肩

长及脚踝的骑装外套外披着在当时被认为是高级服饰的山羊绒披肩。这是新古典主义时期御寒性极佳的装束，在气候寒冷的欧洲大陆披一件披肩是当时顶级的时尚。

◆束口手提袋

18世纪末~19世纪流行的一种女士手袋，是现代手包的原型。这种手袋用精美的刺绣布料制成，带有金属卡扣和流苏装饰，可以拿在手里，也可以挂在腰带上。19世纪以后成为装饰性极高的小物件。

新型胸衣

代替紧身胸衣的新型胸衣，质地柔软。使用细带托起胸部，和现代内衣比较接近。

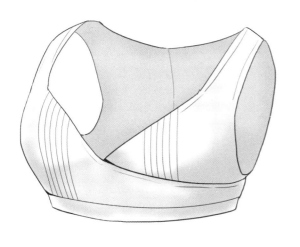

宫装

拿破仑时期的宫廷女性服装，其典型特征是长长的裙摆，裙摆越长，象征身着华服的女性地位越高。

约瑟芬和帝政长裙

拿破仑的妻子约瑟芬是帝政时期的时尚偶像，受到万千女性的青睐和追捧。

波奈特帽的画法

19世纪流行的无边布帽，无论是直筒帽檐还是上翻帽檐，都可以用圆柱体轻松地画出。

① 先画一个水平圆柱体

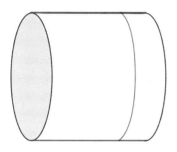

在水平圆柱体后侧1/4的位置画一条曲线。

② 在圆柱体中画出人脸

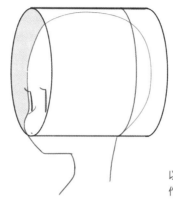

额头部分不能超出圆柱体。将圆柱体的下端设定为嘴的位置，并向下画出下巴。注意不要让面部整体都在圆柱体中。

③ 裁切圆下方的边缘

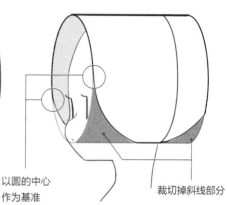

以圆的中心作为基准

裁切掉斜线部分

将下方边缘的棱角部分用曲线裁切掉，分别以圆柱体前部的圆心为基准和以圆柱体后部1/4位置的线为基准进行裁切，向中间弯曲并去掉多余的部分。

④ 画上蝴蝶结绘制完成

沿着第一步绘制的曲线向下画一个系在下巴上的蝴蝶结，就绘制完成了。

◆ 上翻帽檐的画法

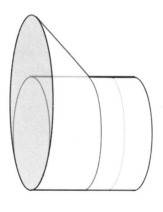

先在圆柱体前部画一个大椭圆形，接着以圆柱体中心为基准画线后，连接椭圆形的顶点和圆柱体的中心线。画好之后，再在圆柱体后部1/4处画一条曲线。

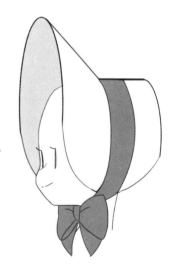

同步骤2~4，画出人脸并擦掉圆柱体的下部，再沿着曲线画出蝴蝶结就完成了。

◆ 正面的简单画法

先在纸上画一个符号"@"

通过"@"就能简单地画出正面图。将"@"的外圈作为帽檐，在"α"的顶部和外圈底部的范围内画出人脸，戴帽子女性的正面图就绘制完成了。

浪漫主义时期

2-7

19世纪20年代浪漫主义风潮席卷而来，服装风格再次回归豪华、典雅。极度膨大的袖子、勒得纤细的腰部和下半身被撑大的裙子是这个时期的特征。

🌸 浪漫主义前期

膨大的泡泡袖服装。腰线回归到了自然的位置，紧身胸衣被重新启用。裙长缩短至脚踝，在足部添加的装饰显得楚楚动人。

帝政时期的泡泡袖再次流行起来，肩部到手肘部分膨大、袖口收紧的样式能很好地衬托出纤纤玉臂。这一时期的袖长多变，短袖、七分袖、长袖同时出现。

前侧

后侧

露出肩部的一字领上添加了大露背设计。与巴洛克时期前期的服装相似，膨大的袖子和裙子更突显出了腰部的纤细。

前侧

🌸 浪漫主义后期

19世纪30年代后期流行的派对服装的袖子膨胀度缩小，蓬松部分下移至袖口。肩部到胸部装饰有烦冗的褶边，裙子依旧是膨大的，这样的设计能更强调腰部的纤细。

出现袖子在七分的位置向外扩大、露出里面膨大的假袖子（P.73）的设计风格。袖口处有花朵图案的装饰，点缀的小装饰更显可爱、动人。

后侧

大褶边重叠的分层裙，画出面料的褶皱可表现出裙摆蓬松的立体感。

浪漫主义时期的服饰

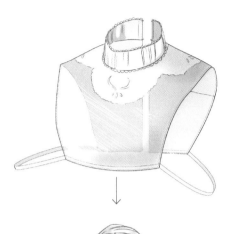

假衬领（chemisette）

轻薄质地的女式无袖假衬领，可搭配低领口礼服，用刺绣和蕾丝进行装饰。

长颈鹿式发型

以法国巴黎的长颈鹿为灵感设计出来的发型。这款发型会在头部的两侧与后侧挽成三个发髻，再用花朵、蝴蝶结等进行装饰。

浪漫主义后期的波奈特

19世纪40年代到50年代的流行配饰。装饰有褶边、花边等女性元素的大帽檐波奈特为常见款式。

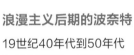

连指手套

只分出拇指的连指手套，因可在室内佩戴而深受人们的喜爱。精巧、复杂的刺绣是身份高贵的象征。

✤泡泡袖的画法

在绘制浪漫主义时期形状独特的泡泡袖时，可以将人体的躯干看作盆栽、将袖子看成气球来描绘结构图，就可以简单地描绘出露肩礼服的上半身了。

① 先画出一个盆栽和两个气球

先在中间画一个倒梯形形状的盆栽，再在两侧分别画一个气球。两个气球的口部稍微向盆栽处倾斜，且与盆栽重叠。

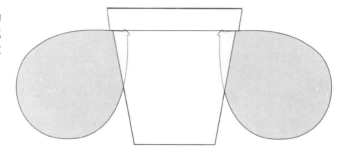

② 画出领子和肩线

沿盆栽上边缘向内侧画一个倒三角形，这样领口的部分就完成了。沿两侧气球的上方与盆栽顶部平齐的地方画一条直线，即代表肩线。

在气球上方水平画一条直线

浪漫主义时期特有的平缓肩线

轻轻擦掉气球与盆栽重叠部分的线条

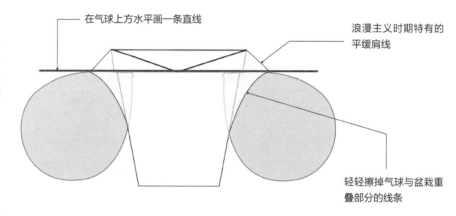

③ 擦掉重叠部分的线条

擦掉气球与盆栽重叠部分的线条。

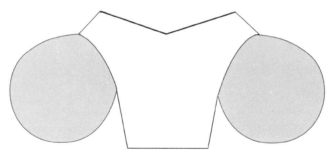

④ 画出袖口和褶皱

沿气球下方的椭圆画出袖口，再在盆栽底部绘制出腰带的横线，最后在袖口、肩部、下半身的裙子上画出褶皱就完成了。

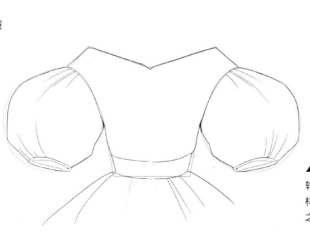

▲将上半身看成气球插在盆栽里的大体轮廓就可以简单地描绘。下半身裙子的样式可参考公主裙（P.90）进行绘制，之后再装饰褶皱会更加可爱、迷人。

浪漫主义时期礼服的穿着方法

1 先穿束腰和衬裙

2 穿上外裙

束腰要穿在有袖子的内衣裙的外面,通过穿多条衬裙可增加裙子的重量感。

透过外裙的胸口处,可以看见里面内衣裙的褶边装饰。外裙多用富有光泽感的弹性面料制成。

◆ 带袖束腰

将夸张的羊腿袖和收腰设计结合在一起的内衣款式,袖子部分装饰有羽毛。

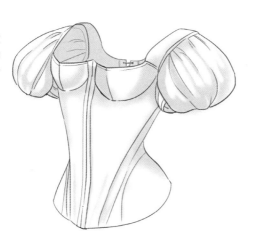

◆ 脚部装饰

从洛可可时期开始,带有刺绣装饰的袜子就颇受欢迎。平跟厚底鞋及追求华丽的足部装饰流行开来。

新洛可可时期

2-8

19世纪50年代后期新式裙撑"克里诺林"（crinoline）应运而生，这一时期因此也被称为克里诺林时期。这一革命性的内衣从法国开始，广泛流行于从贵妇到农妇的各个阶层。

新洛可可前期

加入克里诺林的新洛可可初期服饰。最初的裙子为钟形，后来逐渐膨大起来，裙摆也变为圆润的屋顶形。

与现代服装上下衣分开的版型相似，新洛可可前期上衣与裙子完全分开了。浪漫主义时期出现的宽松假袖子（P.73）已经普及开来。

前侧

后侧

使用束腰让腰部变得更细，背部到腰部呈现出好看的曲线。

克里诺林

裙撑使用富有弹性的鲸须和细铁丝制作而成。比起穿多层的衬裙，这样可以轻松地穿出重量感。

假袖子

随着宽松的袖形普及，假袖子便成了必需品。再加上机械化纺织技术的发展，假袖子的设计也变得多种多样。

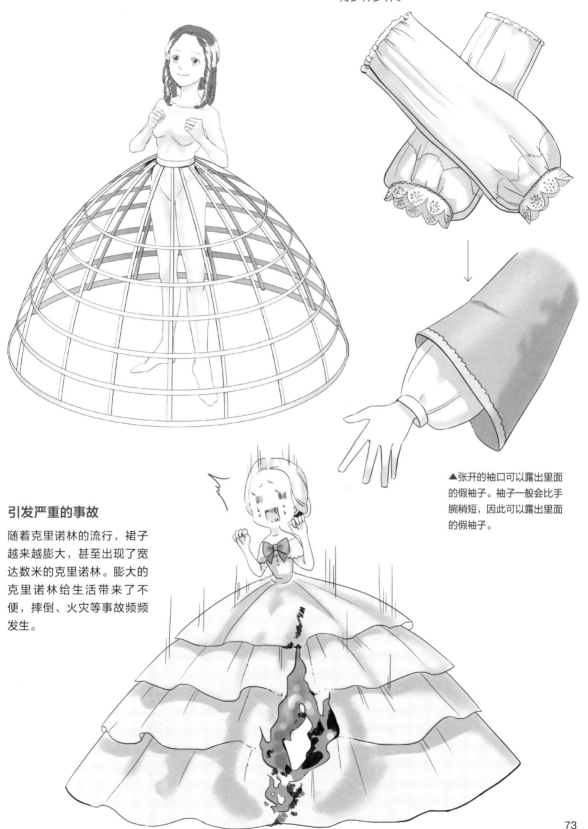

▲张开的袖口可以露出里面的假袖子。袖子一般会比手腕稍短，因此可以露出里面的假袖子。

引发严重的事故

随着克里诺林的流行，裙子越来越膨大，甚至出现了宽达数米的克里诺林。膨大的克里诺林给生活带来了不便，摔倒、火灾等事故频频发生。

裙子的绘画技巧　新洛可可前期的礼服

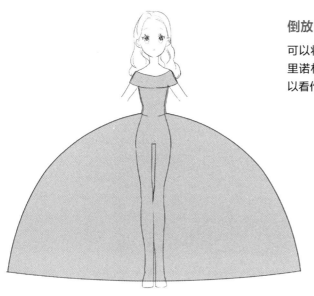

倒放的茶碗

可以将半球形的克里诺林看成是倒放的茶碗。初期的克里诺林可以看作是小茶碗，而鼎盛时期的克里诺林则可以看作是大茶碗。

1 确定站立点，画出茶碗

① 用一条横线连接茶碗的两端。
② 沿茶碗中央画一条竖线。
③ 将横竖两条线的交点设定为站立点。

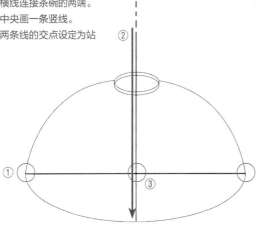

2 沿着圆从中间画出裙子

以人物的站立点为中心，沿着圆画出放射状直线，以此为基准画出裙褶。

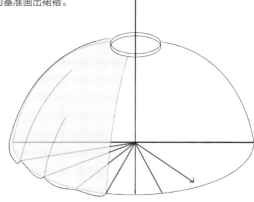

3 处理细节，完成

将茶碗底设定为腰线的位置，画出人物的上半身，这样能够保证人物不偏离裙子中心。最后给裙子添加裙褶和褶边，画上褶皱就完成了。

🌸 新洛可可后期

19世纪60年代，克里诺林裙撑开始向后方膨大。发展到达巅峰的克里诺林急速衰落下来，裙子的膨鼓状态向身后转移。裙摆增长，拖尾设计再次流行。

喇叭袖设计演变为贴合手臂线条的长袖。

后侧

克里诺林的形状虽然有所变化，但是收腰设计和大量的花边装饰被保留了下来。腰部下方的裙摆上还添加了几条细线，很好地打造出了立体感。

新洛可可后期的特点

帽饰

装饰以蕾丝、花朵、羽毛等，注重时尚的波奈特帽，分为下巴处有细绳装饰和无装饰等设计款式。

巴斯尔裙撑（bustle）的过渡

新洛可可后期的克里诺林为解决行动不便的问题，出现了前侧变平的款式。通过这一款式的克里诺林过渡到了后来的巴斯尔式。

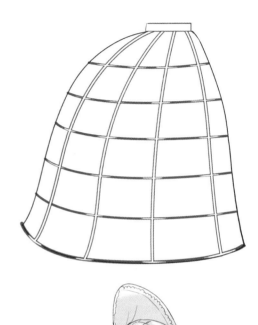

三角形的风格

为了塑造典雅的外形和保暖，完全覆盖克里诺林的披肩深受欢迎。盖住半边克里诺林的披肩可以看成是一个锐角三角形，这样就容易画了。

披肩

巴斯尔前期

腰后膨大的克里诺林的进化版型。腰部在自然的腰线位置，裙摆缩小。裙子部分呈现为洛可可时期分开成两片的前开式。

前侧

后侧

与现代夹克类似，是加了大量装饰的外套设计。巴斯尔时期流行立领，使用束腰进行收腰，腰部有褶皱设计。

与洛可可时期将裙摆束起放在腰后的设计相似的波兰式裙装样式成为巴斯尔时期的流行款式。

🌸 巴斯尔后期

巴斯尔后期的服装后腰部分膨大并水平展开，人物仿佛坐在茶杯上。利用裙子面料的蓬松感使臀部更显后翘。

立领变高，将脖颈全部包住，领口处装饰有细碎的褶边，更显品位高雅。

后侧

女性上身身穿夹克已经成为主流。遮住裸露手臂的白色长手套也成了搭配佳品。

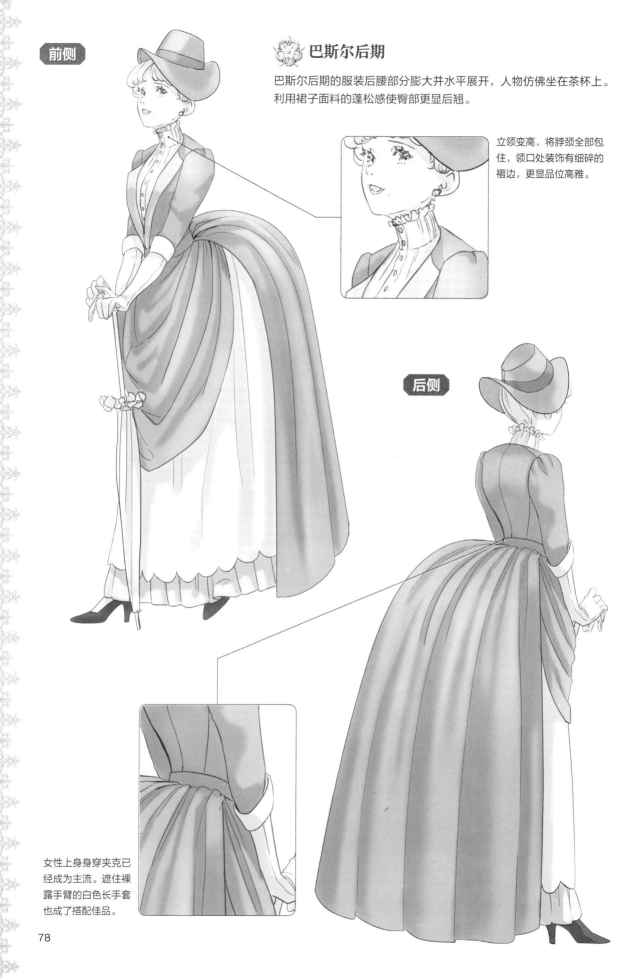

裙子的绘画技巧 巴斯尔后期的礼服

"h"形的画法

可以简单地将身穿巴斯尔礼服的轮廓看成是英文小写字母"h"。在腰部稍上的位置使裙子膨起，裙摆笔直下垂。

使用双"h"呈现立体感

并排画两个"h"，就可以轻松地画出纵深感，并能确定身体的位置。当人物呈斜侧面俯视的角度时，可以将"h"高低错开来表现纵深感。

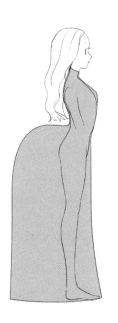

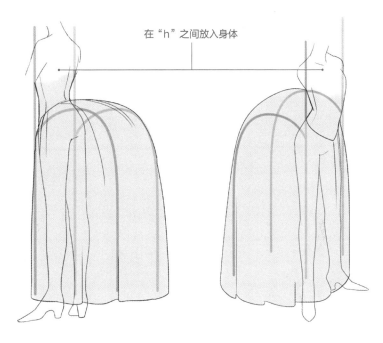

在"h"之间放入身体

巴斯尔时期的特点

巴斯尔

克里诺林的改良款，能突显好看臀线的臀垫（系在腰部）。19世纪70年代到80年代前期，裙子变小。19世纪80年代后期到80年代末，裙子又逐渐变大。

另一种款式 "公主裙"

巴斯尔时期流行的一种上下紧身有接缝的连衣裙款式的礼服。这种风格是1878年到1883年流行的特有款式，是现代公主裙（P.90）的原型。

受19世纪末~20世纪初在欧洲兴起的新艺术运动影响，这一时期追求具有流动感的曲线美及优雅的装饰，展现出独特的时代魅力。

前侧

🌸 S形样式

1900年左右流行的一种服装样式。因为受到新艺术运动艺术特征的影响，在服饰上呈现出"S"形样式。由于胸部的突出，身体也会微微前倾。

后侧

初期流行袖根膨大的羊腿袖，后来演变成收紧的长袖。紧身胸衣在满足人们追求美的欲望的同时，也给女性的身体带来了极大的危害，人们慢慢地开始追求不穿胸衣的自然体型。

这一时期还流行长度及地的裙摆，画出裙摆上的折叠褶皱可以更好地表现出裙子的厚重感。

两件套女装
（two-piece dress）

将男装中的衬衫、罩衫融入女装元素的服装。运动的流行也使得裙长变短。

前开式衬衫添加褶边，领部添加蝴蝶结等女性风格的装饰。与现代女性罩衫近似的设计登场。

后侧

袖子宽松膨大，收窄的袖口处添加了几条褶皱装饰，窄小的袖口很好地展现出了女性优雅的魅力。

礼服的绘画技巧 S形样式

1 正面：画8字

勺子

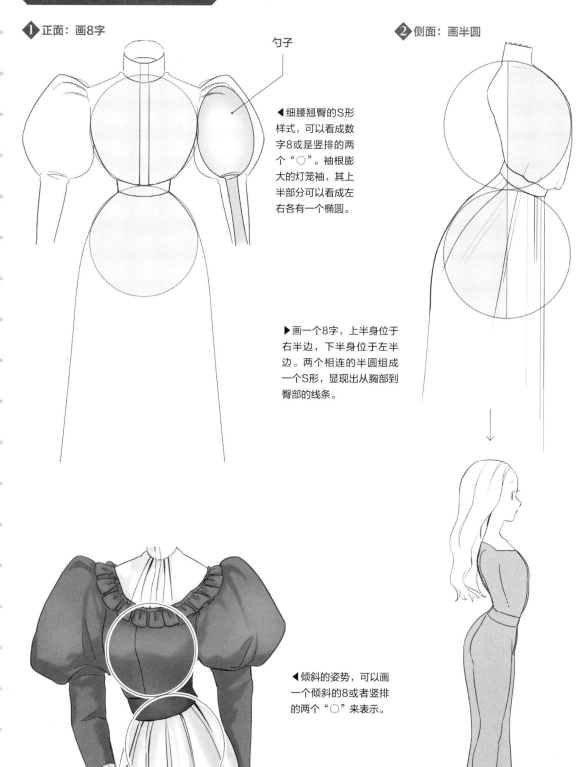

◀细腰翘臀的S形样式，可以看成数字8或是竖排的两个"○"。袖根膨大的灯笼袖，其上半部分可以看成左右各有一个椭圆。

▶画一个8字，上半身位于右半边，下半身位于左半边。两个相连的半圆组成一个S形，显现出从胸部到臀部的线条。

2 侧面：画半圆

◀倾斜的姿势，可以画一个倾斜的8或者竖排的两个"○"来表示。

新艺术运动风格时期的特点

独特的帽子装饰

羽毛、鸟类标本等华丽的装饰大量涌现。

灯笼裤

倡导女性穿衣自由的女性解放运动家阿梅利亚·詹克斯·布鲁默（Amelia Jenks Bloomer）设计的便于行走的裤子。其原型出现于19世纪50年代，但在当时，它是和裙子搭配着穿的。

束腰

打造S形身材的华美、艳丽的紧身胸衣。在胸部下方、腰部周围等隐秘位置会有褶边、蝴蝶结等装饰，内衣十分精美。束腰的腰部使用细绳收紧，且有蝴蝶结装饰。

古代的礼服

在欧洲大陆发展演变的服装，它们的起源大多甚至可以追溯到公元前的古希腊、古罗马时代。下面介绍公元前的女性服装。

希顿（chiton）

从古希腊传到古罗马的一种女性服装，是全身只用一块布料做成的宽松长裙。一般在腰间系一条布带，腰部以下便是裙子。

前侧

◆菲布拉（fibula）

一种主要由金属制作而成的别针，用来固定衣物。古希腊早期设计比较简洁，从中期开始设计就非常具有装饰性了，在别针上会设计大量的装饰。

把裹在身上的衣服用叫作"菲布拉"的别针固定住。左右肩用菲布拉固定后，胸口处会形成好看的褶皱。

后侧

◆希顿（多利安式）的穿着方法

❶ 将布料上方五分之一的部分向外翻折。

❷ 用折过的布料包住身体。

❸ 将后背及左右肩位置的布料用菲布拉固定。

❹ 腰部用细绳固定。

斯托拉（stola）

古罗马的一种女性服装，腰部位置系有细绳，与古希腊的希顿在外形上比较相似，斯托拉更类似于古希腊的爱奥尼亚式希顿（有袖子）。

前侧

后侧

从肩膀到两臂分段进行固定，会一段一段地露出手臂。胸口处会形成宽褶皱。

系有细绳的腰部会出现纵向垂褶，袖子比较宽大，从手腕处开始下垂。

2-12 世界的公主

历史上和童话世界里出现了很多位公主，她们的衣橱又是什么样子的呢？下面就让我们回到她们所在的年代去一探究竟吧。

🌸 辛德瑞拉（Cinderella）

欧洲童话故事《灰姑娘》中的女主人公。因水晶鞋的故事而广为人知。图中人物服装的款式是前部变平的克里诺林（P.76）。

🌸 克利奥帕特拉七世

被认为是绝世美女的古埃及女王。当时的制衣技术并不发达，人物的服装款式为丘尼克（tunic）和缠腰布（loin cloth）。克利奥帕特拉有一身标志性的褐色皮肤，但近年来也有"埃及人属于白色人种"的说法。

❀ 白雪公主

德国格林童话中的一位公主，拥有雪白
的肌肤和一头乌黑的长发。16世纪正处
于文艺复兴时期到巴洛克时期，流行明
线袖子和前开式裙子。

❀ 长发公主乐佩（Rapunzel）

德国格林童话中的一位少女，拥有一头美丽的金
发，可以从高塔顶垂到地面。大领口、露背的衣
服设计给人物增添了神秘感。

玛丽·安托瓦内特
（Marie Antoinette）

18世纪后半叶，法国国王路易十六的王妃。她对穿衣打扮很有研究，被看作是推行洛可可风格（P.54）的第一人。高发髻加华丽装饰的法式罗布成为公主的代表性服饰，也是现代女性的憧憬。

伊丽莎白
（Elisabeth）

巴伐利亚公主，19世纪中期的奥地利王后。她是世界著名音乐剧《伊丽莎白》的原型，为了保持欧洲皇室第一的美貌尝试了很多健身法和减肥法。伊丽莎白王后生活在克里诺林和巴斯尔风格的全盛时期，肖像画中有很多身穿白色克里诺林礼服的优雅姿态。

第 **3** 章

现代礼服

3-1 婚纱礼服

婚纱让每一位女孩变成了婚礼上的公主，是现代的特别礼服。露背加大拖尾设计的白色婚纱成为现在大热的款式。

前侧

婚纱
（P.106）

🌸 **公主裙**

裙子从腰部开始向下展开，很有分量感，和贴合身体线条的上半身形成对比，华丽精美。这一克里诺林风格发展而来的礼服款式受到很多女孩子的青睐。

腰部用大大的花朵装饰来隐藏裙摆与上身的接缝，尽显华丽、优雅。

后侧

多层段状褶边的分层裙，最上层的褶边最长，整体轮廓张弛有度，富有层次感。

🌸 A字裙

这种婚纱礼服从腰部到裙摆伸展的线条轮廓形似英文字母"A"。裙子的褶皱设计突显优雅气质，无论什么体型的女生都可以穿出华丽感。

胸口的褶皱设计从中央向两侧伸展，非常有立体感。

后侧

后背的拉链设计。婚纱的穿着方法一般可以分为两种：拉链设计和绑穿绳带设计。

鱼尾裙

从上半身到膝盖部分贴合身体，尽显身体曲线，膝盖以下的裙摆部分酷似鱼尾形状的婚纱礼服，宛如人鱼公主。这种款式能很好地强调女性的曲线美，营造出优雅的气质。

斜着装饰有不规则的大褶边，能让人联想到起伏的海浪。在褶边的下面画出细致的小裙褶，会让裙子散发出更加优雅的感觉。

前侧

后侧

背部的大开口设计及从腰部到脚部的合身设计，让身体的线条清晰展现。贴合手臂线条的手套设计，能强调女性身材之美，给人以高雅、尊贵的印象。

🌸 钟形裙

形状像吊钟，版型细长、圆润的婚纱礼服。19世纪上半叶的浪漫主义和克里诺林风格是其原型，能给人以典雅、可爱之感。

腰部的拼接设计突显纤细的腰部，添加褶边让裙摆在视觉上膨胀起来，细腰和膨大的裙摆形成了鲜明的对比。

后侧

从腰部到下半身垂坠的裙子加上裙摆上一连串的花纹设计，更显成熟女性的魅力。

🌸 高腰抹胸裙

沿袭帝政时期高腰设计的婚纱礼服。在胸部下方位置划分出上下身的服装，自然又优雅。

装饰较少的简单设计，在胸口处用花饰进行点缀，简单又不乏设计感。高腰设计不勒腰，可以画出裙摆自然下垂的感觉。

前侧

后侧

裙摆加入褶皱设计可增加立体感。将背后的裙摆画出自然向后的形态形成拖尾，能给人以优雅动人的感觉。

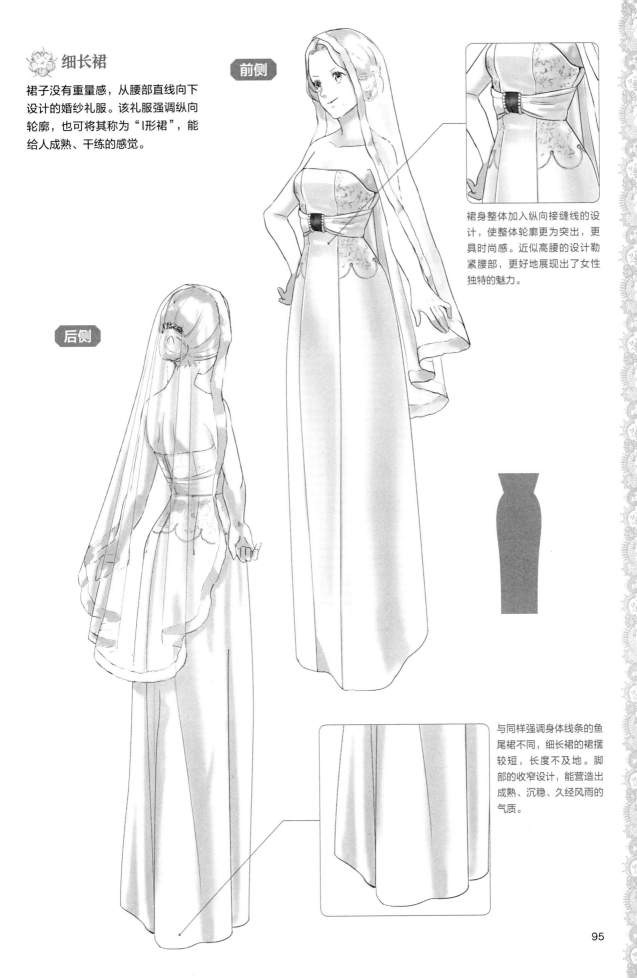

🌸 细长裙

裙子没有重量感，从腰部直线向下设计的婚纱礼服。该礼服强调纵向轮廓，也可将其称为"I形裙"，能给人成熟、干练的感觉。

前侧

后侧

裙身整体加入纵向接缝线的设计，使整体轮廓更为突出，更具时尚感。近似高腰的设计勒紧腰部，更好地展现出了女性独特的魅力。

与同样强调身体线条的鱼尾裙不同，细长裙的裙摆较短，长度不及地。脚部的收窄设计，能营造出成熟、沉稳、久经风雨的气质。

🌸 迷你裙

裙长较短的一款婚纱礼服。短裙的设计使行动十分轻便,可以展现出女性年轻的活力,甜美感倍增。再搭配不同的鞋子,则可以演绎出不同的个性和气质。

与A字裙一样,下半身向外扩展,带有褶皱的裙摆微微露出膝盖,很好地平衡了华丽感和简洁感。由上至下,在裙摆上轻轻地画一条线,可以表现出薄纱面料的透明质感。

后侧

错落有致的绑带设计,并在腰部加上了花朵的蝴蝶结装饰。大大的蝴蝶结能够提升整体的可爱度,装饰的使用灵活度高也是迷你裙所独有的优点。

✦搭配礼服的手套

婚纱礼服搭配的手套象征着洁白无瑕。手套越长，整体服装越显得正式。面料一般为富有光泽的高级缎料或轻薄且具有透明感的纱料，可以根据婚纱和婚礼现场的布置来搭配各种各样的手套。

中款

长度从指尖到肘部以下的手套。可以搭配各种类型的礼服，通用性较强。通过细节设计可以打造出不同的风格。

短款

长度从指尖到手腕的轻便型手套。非常适合搭配带袖的礼服，能给人轻快、简便的感觉。

长款

长度从指尖到肘部以上的手套，最具格调。可以在视觉上拉长手臂的线条，非常适合搭配无袖礼服。

镂空手套

将手背的一部分布料裁掉，露出大拇指和小指侧边皮肤的手套。手套的白色与肤色相互映衬，增添了美艳感。

无指手套

露出手指的长款手套，可以露出手上的戒指和美甲。手背上的手套呈菱形，中指处有挂绳。

3-2 正装、宴会装

出席典礼等正式场合的正装及参加小型餐会等宴会穿的礼服。下面将介绍出席不同场合、不同时间段的礼服种类。

✿ 露肩礼服

大开领的设计，微微露出胸口、肩部和背部的高级感十足的礼服。一般作为晚礼服进行穿着，常见于晚餐会等。这种礼服的袖子通常都很短，可以搭配长款手套。

前侧

露肩礼服的开领设计十分经典，肩部的披肩设计为皮肤与礼服之间做了一个衔接的铺垫，增加了高级感。

后侧

后背接缝处有一排纽扣的设计，纽扣表面使用了跟礼服相同的面料包裹。等间距排列的圆形小纽扣，进一步提升了裙子的格调。

立领外衣

盖住颈部的高高立领，加上长袖的
礼服，皮肤几乎不露出，在日装礼
服和晚礼服中格调都很高。穿着时
可以搭配帽子、短款手套，手中再
拿一把扇子会更加优雅动人。

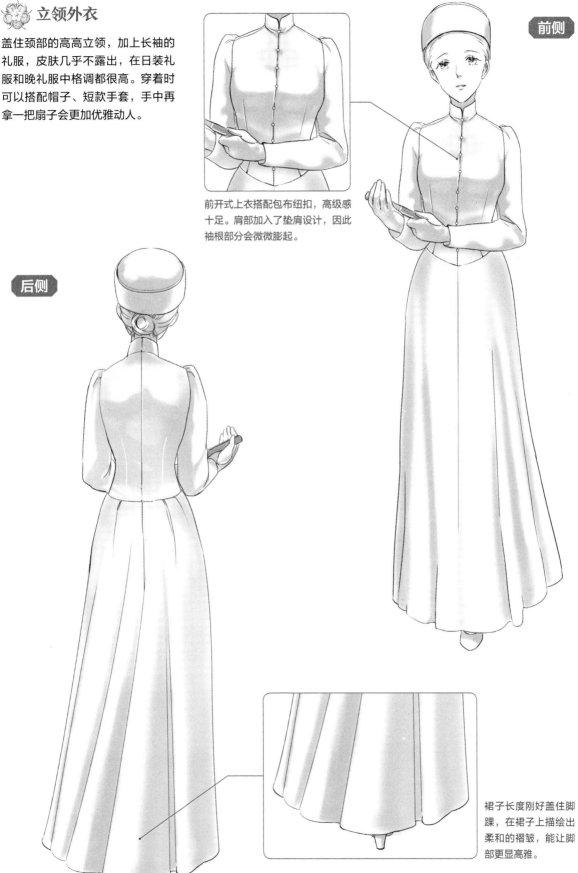

前开式上衣搭配包布纽扣，高级感
十足。肩部加入了垫肩设计，因此
袖根部分会微微膨起。

前侧

后侧

裙子长度刚好盖住脚
踝，在裙子上描绘出
柔和的褶皱，能让脚
部更显高雅。

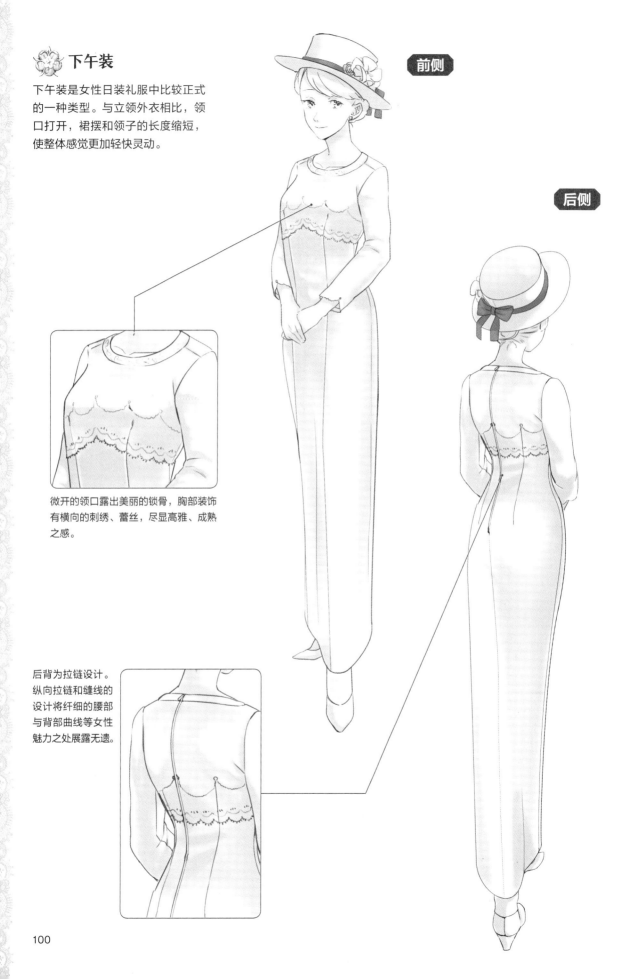

🌸 下午装

下午装是女性日装礼服中比较正式的一种类型。与立领外衣相比，领口打开，裙摆和领子的长度缩短，使整体感觉更加轻快灵动。

前侧

后侧

微开的领口露出美丽的锁骨，胸部装饰有横向的刺绣、蕾丝，尽显高雅、成熟之感。

后背为拉链设计。纵向拉链和缝线的设计将纤细的腰部与背部曲线等女性魅力之处展露无遗。

丧礼服

作为丧服的黑色简约礼服。基本上不使用装饰品，面料无光泽。

丧礼服不能使用过多的装饰。可以使用小泡泡袖和盖住脖颈的立领等古典设计，黑色面料更显庄严、稳重。

腰部的位置将上衣和裙子区分开来。在背部中央纵向画出接缝线，能表现出背部优美的线条。

🌸 晚礼服

大面积露出胸口、肩部及背部肌肤，裙摆及地的礼服。多用于出席夜间场合穿着，设计追求华丽和品质感，多选用色调高级且富有光泽感的面料。

胸部及裙子部分加入了纵向的褶皱，腰部的面料则加入了横向褶皱作为点缀。

后侧

背后大胆的开口设计，形成了从中间凹下去的形状。画出肩胛骨和脊椎骨的线条，能展现出裸露部分线条的美感。

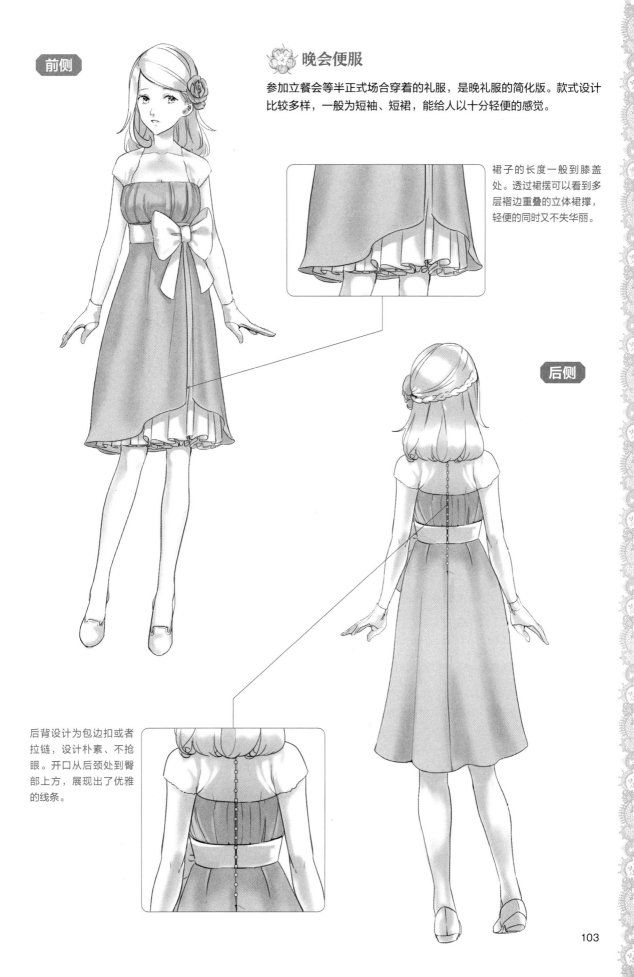

前侧

晚会便服

参加立餐会等半正式场合穿着的礼服，是晚礼服的简化版。款式设计比较多样，一般为短袖、短裙，能给人以十分轻便的感觉。

裙子的长度一般到膝盖处。透过裙摆可以看到多层褶边重叠的立体裙撑，轻便的同时又不失华丽。

后侧

后背设计为包边扣或者拉链，设计朴素、不抢眼。开口从后颈处到臀部上方，展现出了优雅的线条。

婚纱等礼服的露肤设计可以更好地展现出女性的曲线美，后背线条可谓是重要的一环。下面介绍几款后背有"小心机"设计的礼服。

V字形设计

深V领露背的大胆设计，边缘位置再装饰蕾丝，能使穿着者散发出优雅可爱的魅力。

交叉带设计

细吊带在背后交叉的设计，能给人以独特的美感。通过显露后背线条，能展现出新娘完美的身材，营造出华丽、纤细感。

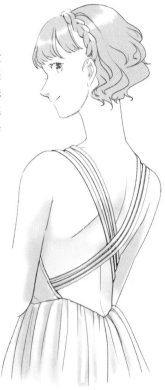

串珠设计

大露背点缀以梦幻的串珠宝石，长长的串珠链沿着脊椎的线条一贯而下，多层链条在平衡了视觉效果的同时还突出了层次感。

纽扣设计

一排纽扣合拢起两片薄纱，简单的纽扣能让服装整体看起来更加精致，尽显浪漫、甜美。

刺绣设计

华丽的刺绣加上轻薄、透明的蕾丝，使后背肌肤若隐若现，性感唯美。

镂空设计

露出部分肌肤，肩部使用了蕾丝等具有透明感的面料。

吊带设计

吊带绕过脖颈来固定上半身礼服，是整个后背到手臂都露出洁白肌肤的大胆设计。

绑带设计

类似紧身胸衣的自由绑带设计，在收紧腰部的同时，还可以将多余的绑带打结来进行装饰。

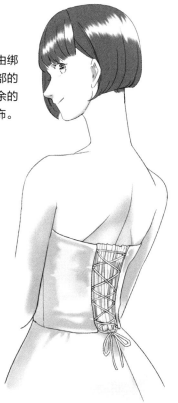

重点装饰设计

在腰部添加蝴蝶结等较大的装饰，上半身为抹胸设计。

大露背设计

背部全部裸露、不添加任何装饰的设计，大胆地露出肩部和背部，性感、优雅。

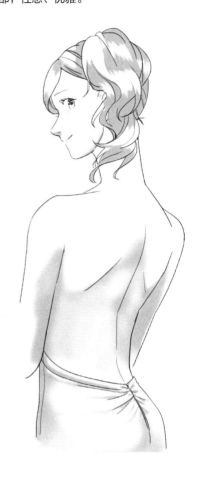

❀婚服头纱

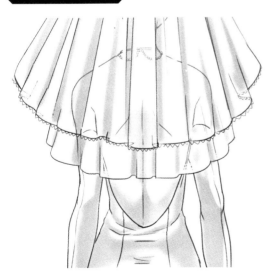

▲大露背婚纱礼服搭配头纱的效果。白皙的肌肤透过薄纱隐约可见，这一大胆设计散发着高级、优雅的气息。

▶新娘头部戴的头纱一般使用的都是质地较薄的纱料。朦胧感使礼服的后背设计更显高级、优美。

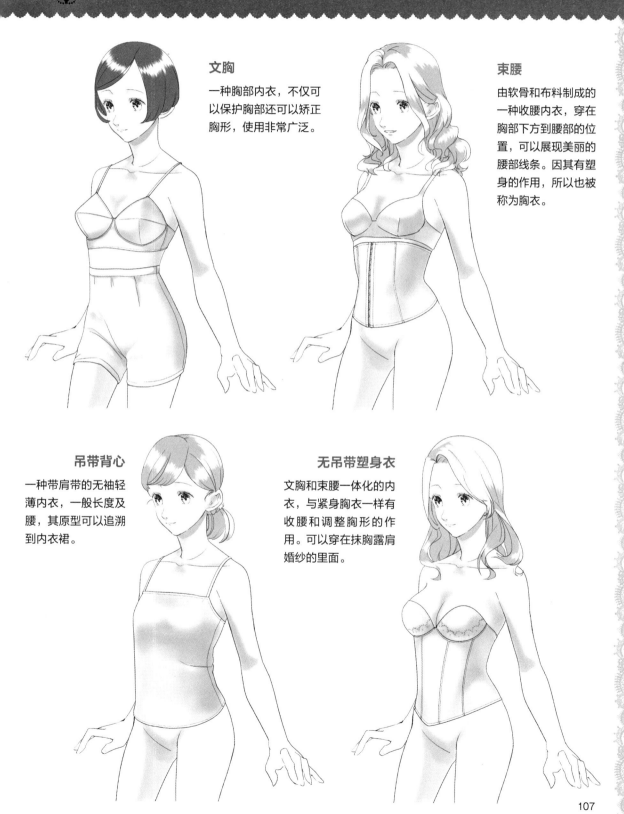

文胸

一种胸部内衣，不仅可以保护胸部还可以矫正胸形，使用非常广泛。

束腰

由软骨和布料制成的一种收腰内衣，穿在胸部下方到腰部的位置，可以展现美丽的腰部线条。因其有塑身的作用，所以也被称为胸衣。

吊带背心

一种带肩带的无袖轻薄内衣，一般长度及腰，其原型可以追溯到内衣裙。

无吊带塑身衣

文胸和束腰一体化的内衣，与紧身胸衣一样有收腰和调整胸形的作用。可以穿在抹胸露肩婚纱的里面。

3-5 装点礼服的饰品

公主的礼服少不了发饰、首饰等装饰品。下面便介绍璀璨闪耀的宝石、金属及以花草等元素为主题的各种饰品。

发饰

王冠

用宝石装饰的奢华金属发饰，比头部略小的尺寸更显可爱动人。

花环

用玫瑰围成的圆环状发饰。圆环象征着"永远、幸福"，扎起来的花象征着"爱和羁绊"，能给人以满满的幸福感。

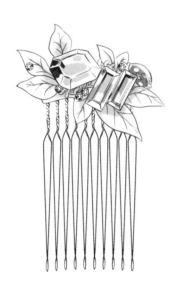

珠宝发梳

装饰有宝石的金属质地的发梳，宝石多为花草造型，图案丰富多样。可以将发髻紧紧固定，彰显华丽、典雅。

皇冠头饰

戴在头部前侧的一种金属发饰，镶嵌着大大小小的宝石。戴上它就能拥有公主般的高贵气质。

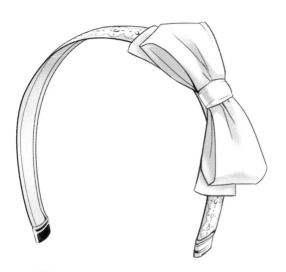

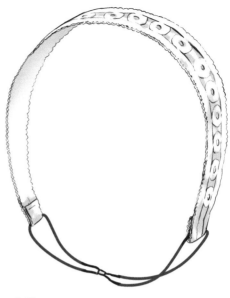

发卡

由塑料、金属等富有弹力、硬度适中的材料制成，从可爱的蝴蝶结到高级的宝石，不同的装饰物能营造出不同的风格。

发带

将缎带等装饰和橡皮筋缝在一起的环状发饰，容易固定、柔软性高。适合各种发型，并能展现出不同的魅力。

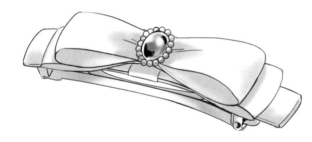

发夹

内侧为固定头发的夹子，表面使用蝴蝶结、宝石等进行装饰的一种发饰，非常洋气。

胸饰

胸花

别在礼服胸前或衣领上的小花饰，用来点缀整体的搭配，具有画龙点睛的效果。有时也可将这种花饰戴在头上作为发饰使用，能够给整体造型增加华丽感。

胸针

胸针的主要材料为贵金属，是戴在礼服胸前的一种饰品。一般有果实、花草、雪花等各种设计元素，与胸花一样也可以当发饰使用。

🌿 首饰

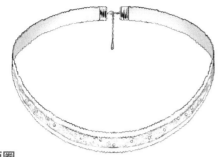

带坠项链

在绳子上挂有装饰品
（吊坠）的项链，装
饰品越大越能增添复
古气息。

项圈

紧紧绕在脖颈间的首饰。不同材质的项圈，
风格也大相径庭，一般有缎带、蕾丝、皮革
等质地。

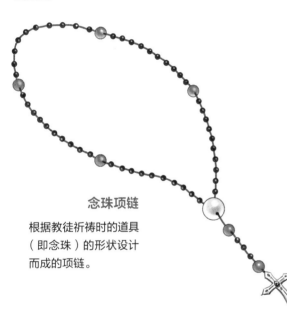

念珠项链

根据教徒祈祷时的道具
（即念珠）的形状设计
而成的项链。

长款颈链

没有卡口的细绳状首饰，可
塑性较高，也可用作发饰。

长款项链

长度及胸的长款首饰。主要
由金、银等贵金属制成，能
突显佩戴者优雅的气质。

🌿 腰饰

念珠腰链

有着祈祷寓意的
念珠式腰链。

手部饰品

腕带

缠绕在手腕上的一种饰品,用花和缎带
进行装饰。因其华美的特点也被称为
"手腕花"。

婚戒

作为婚姻的证明,戴在已婚男女左手无名指上的戒
指。钻石象征着"纯洁、永恒羁绊",其他宝石也非
常受欢迎。

连指手链

用链条和宝石装饰等连接戒指和手链的一款
饰品,颇有异国风情。

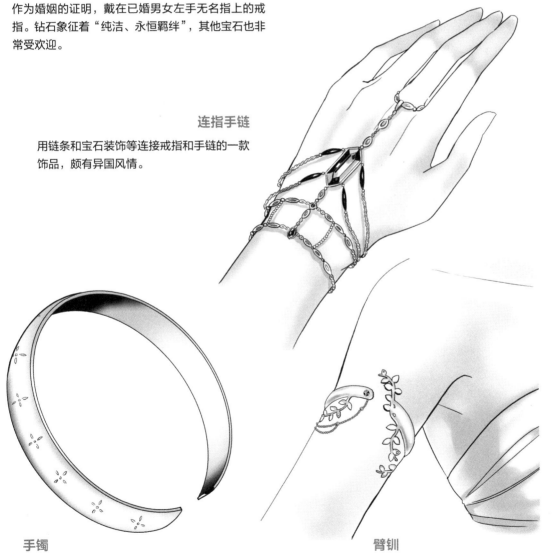

手镯

不使用卡扣就能戴在胳膊上的开口式手腕饰品,
大多为金属材质,刻有精致的装饰图案。

臂钏

戴在手臂上的饰品,搭配无袖礼服,奢华
典雅。

❦ 耳饰

耳钉

戴在耳垂上的饰品，多用宝石装饰，适合搭配礼服。

装饰耳环

水滴形状的宝石装饰耳环，当晃动头部时，耳环也会随之摇曳。同时，耳环上的宝石透过切割的曲线会折射出好看的光，魅力十足。

耳坠

耳坠集合了多种元素，是富有灵动感的耳饰。一般为贵金属与宝石组合制成，设计也是多种多样。

❦ 脚饰

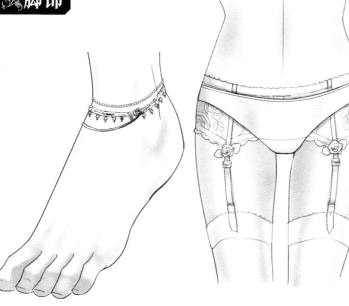
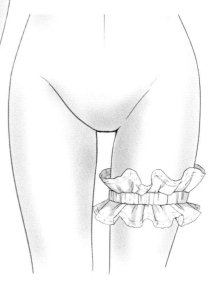

吊袜带

系在腰部防止袜子滑落的一种饰品。吊袜带使用丝带或松紧带系在大腿处丝袜的袜口上，上端系在腰带或带扣状下摆的边缘处。

脚链

戴在脚腕上的饰品，材质、种类繁多，其中金属质地的最为常见，一般直接戴在脚上。

袜带

戴在大腿上的有松紧性的带子，是吊袜带的一种。欧美婚礼上，有将新娘袜带扔给未婚男性的"抛袜带"风俗。

适合派对、外出的包包

3-6

人们在出席不同的场合时会选择不同的礼服，同样也需要不同的包包来搭配。下面介绍适合派对、外出使用的几款包包。

晚装包

用来搭配晚礼服的包包，有大量装饰，相比实用性，更重视点缀礼服的装饰性。

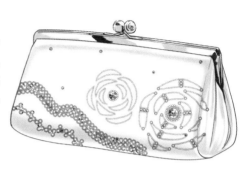

宴会包

出席晚会等半正式场合所使用的小包包，一般使用丝绸、缎布等光泽感强的面料制成，古典、优雅的设计是主流。

斜挎包

多用于休闲场合，有些款式的肩带加入了卡扣等华丽的设计。

贝壳包

整体为半圆形的造型，是底部平坦的皮制包包。其款式百搭，适合携带出席各种正式及非正式的场合。

剑桥包

传统英国学生所使用的书包，散发着优等生般的浓厚学院复古气息。

旅行箱

收纳力强的大型旅行箱包，古典气息浓郁。性能和外观也为旅行量身打造。

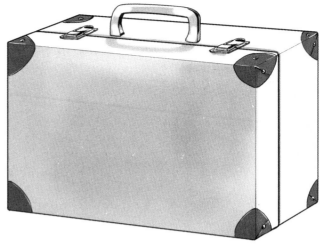

篮子包

轻便的外出包包，使用植物编织而成。具有自然、凉爽的感觉，适合带去参加闺蜜的下午茶聚会。

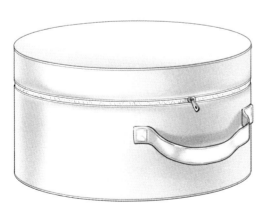

小化妆箱

收纳化妆品的箱形包包，包型比较小巧，可以单独使用，也可以作为旅行箱中的收纳包来使用。

帽盒

用来收纳帽子的圆柱体箱包，为了防止变形，一般使用皮革等较硬的材料制作而成。

第 4 章

礼服与人体动态

4-1 如何让礼服更具魅力

画出美丽的礼服后，绘制与礼服相称的人物姿态会令礼服更加魅力十足。本章将介绍使礼服更能散发魅力的要点。

使用动作和道具增添魅力

描绘人物身着礼服的姿势时，最重要的就是根据礼服给人的感觉（优雅、可爱、高级等）来添加合适的动作。隐藏下半身的礼服可以通过肩膀、指尖及手中的小物件等来摆姿势。

多种多样的动作姿势

◆肩膀的动作表现
抬起一侧的肩膀，使身体整体更有线条感，一个小小的动作就能给人带来不一样的感觉。再加上微笑的表情，会更显优雅、大方。

◆持握小物件的动作表现
第2章中介绍的贵妇所用的折扇能贴切地表现出上流阶层的气质。如上图所示，将折扇打开遮住下半边脸，高贵、清冷的气质立刻就能显现出来。

◆手指的动作表现
用手指摆姿势，这使手也拥有了表情。手指的动作能让人感受到大家闺秀的气质和教养。

◆手臂的动作表现
用手臂做动作，能使全身更有线条感。手臂的动作幅度要稍大一些，再加上手指的动作，能给人以优雅的印象。

脖子的不同角度给人的印象不同

直挺挺的脖子给人留下冷酷、严肃、高贵的印象。将脖子微微歪向一侧，则能突显少女的可爱感，楚楚动人。

组合示例①

肩膀的表现　　　　手指的表现

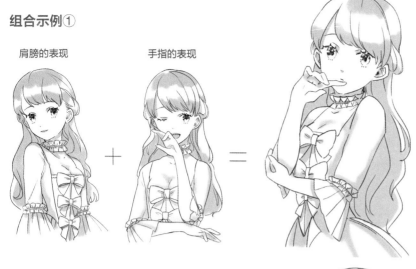

◆肩膀+手指的动作组合

将单个的动作组合起来，会得到不同的效果。如左图所示是将肩部微抬，线条柔和的手指放在嘴边，突显气质的同时又不乏可爱感。

组合示例②

折扇的表现　　　　手臂的表现

◆折扇+手臂的动作组合

折扇加手臂的动作，能给人以高贵、优雅的感觉。将手臂向前伸，用合上的折扇指向对方，能营造出一种贵族社交中指名对方与自己共舞的社交氛围。

不同的表情给人的印象不同

在描绘葬礼所穿的丧服、婚礼所穿的婚纱等特殊场合的礼服时，人物的表情也应与之相匹配。表情与场景不符或相反，在观者眼中效果将会大打折扣。不好确定表情时，可以根据画面场景的前后故事线索来推测人物表情，这样会容易得多。

恐怖……

看起来是开心的……

好！

回眸

可以同时看到后背线条及回头表情的姿势，可以用S形的插画绘制手法来描绘，表现出女性的柔美和魅力。

回眸构图的魅力

重点是能够同时看到脸部和后背，可沿脸部到颈部、后背、腰部、臀部画出S形的身体线条。为了能展示出腰背的线条，可以在腰部用缎带打结装饰，形成构图的一处亮点。

自然回眸

礼服整体没有亮点时，可以在臀部上方加一个大大的蝴蝶结装饰来吸引人们的视线

▲稍微倾斜身体的回眸，可以看到后背（如上图左所示），脸朝向侧面时就看不见后背了（如上图右所示），这也是插画构图中的一大难点。

▲要在现实中完成这个动作确实是很有难度，但是对于插画而言，我们追求的是美感。

裙摆舒展的礼服可以从腰部开始描绘出柔和的曲线，裙摆使用荷叶的画法（P.40）绘制

回眸姿势的变化形式

风微微吹起直筒礼服的裙摆，如同牵牛花和雨伞一般，褶皱朝向同一个方向。如果是迷你裙的话，扬起裙摆的构图，哪怕露出衬裙也会非常可爱。

重点的蝴蝶结装饰

画出裙摆的流动性，以强调回眸的动作

▲裙长较短的礼服，露出的腿部可以微微交叉，会更有动感，更加可爱。

4-3 坐姿

古典绘画作品中常见的礼服姿势。画一个向前倾斜的闪电形状，展示出上身的S形线条，可表现出优雅又美丽的坐姿。

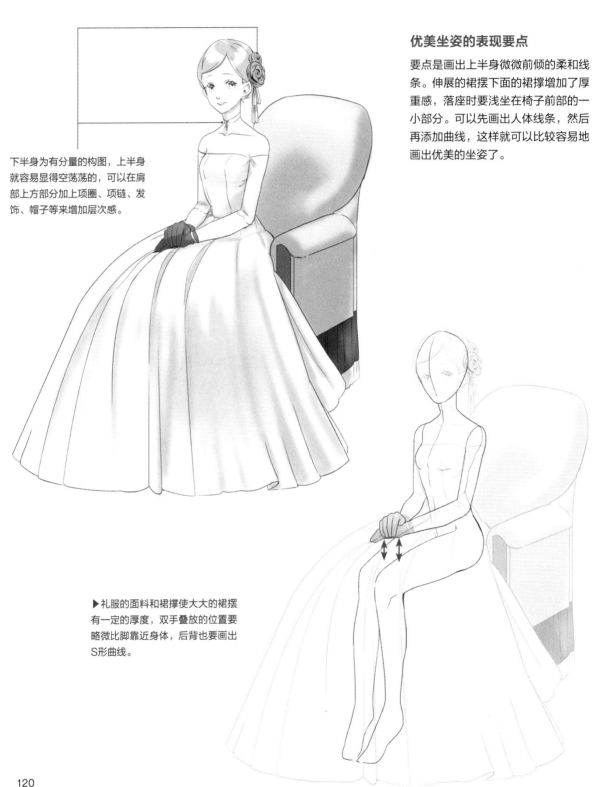

下半身为有分量的构图，上半身就容易显得空荡荡的，可以在肩部上方部分加上项圈、项链、发饰、帽子等来增加层次感。

优美坐姿的表现要点

要点是画出上半身微微前倾的柔和线条。伸展的裙摆下面的裙撑增加了厚重感，落座时要浅坐在椅子前部的一小部分。可以先画出人体线条，然后再添加曲线，这样就可以比较容易地画出优美的坐姿了。

▶礼服的面料和裙撑使大大的裙摆有一定的厚度，双手叠放的位置要略微比脚靠近身体，后背也要画出S形曲线。

以闪电符号为辅助线

我们可以利用闪电的符号来画出坐姿状态的礼服，将头顶作为闪电的起点，分别连接臀部、膝盖和脚尖，画出闪电形的辅助线。

闪电形辅助线

鱼尾裙等直筒款式的裙子会比较容易调整细瘦部分的体积感，可以在椅子上深坐，闪电形辅助线的位置也要重新考虑

▲▶闪电形辅助线同样可以应用于长椅子坐姿的绘画上。将臀部位置设定为与椅子同高，再顺着辅助线画出裙子的褶皱即可。

卧姿

4-4

礼服、头发都在地面上舒展的卧姿，能给人以楚楚可怜、梦幻浪漫的感觉。礼服的轮廓不同，所呈现出来的裙子的折叠和膨大方式也会不同。

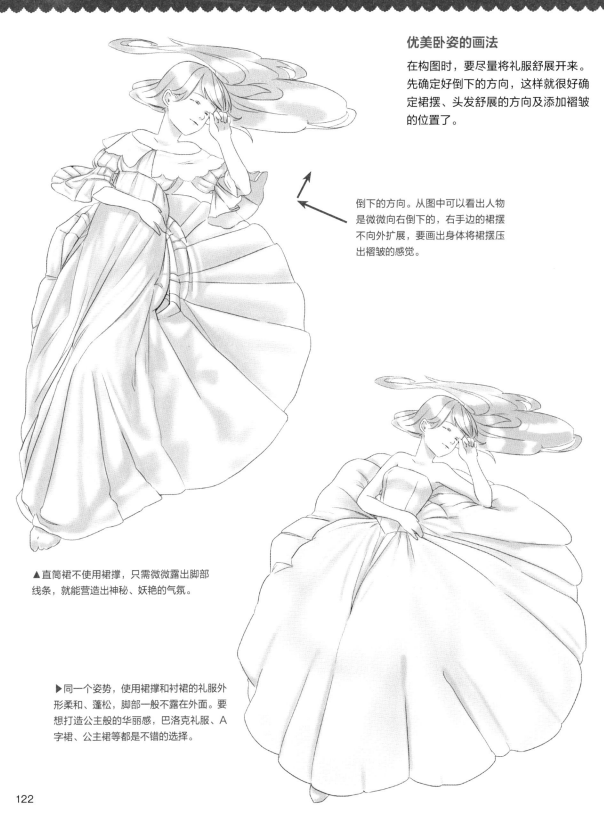

优美卧姿的画法

在构图时，要尽量将礼服舒展开来。先确定好倒下的方向，这样就很好确定裙摆、头发舒展的方向及添加褶皱的位置了。

倒下的方向。从图中可以看出人物是微微向右倒下的，右手边的裙摆不向外扩展，要画出身体将裙摆压出褶皱的感觉。

▲直筒裙不使用裙撑，只需微微露出脚部线条，就能营造出神秘、妖艳的气氛。

▶同一个姿势，使用裙撑和衬裙的礼服外形柔和、蓬松，脚部一般不露在外面。要想打造公主般的华丽感，巴洛克礼服、A字裙、公主裙等都是不错的选择。

躺卧姿势下裙子的形状

躺卧姿势下，可以从侧面看到裙撑等内部衣物的蓬松分层。不知道应该画哪个方向的躺卧姿势时，可以先不管内部衣物，先画出外裙的形状会简单一点。

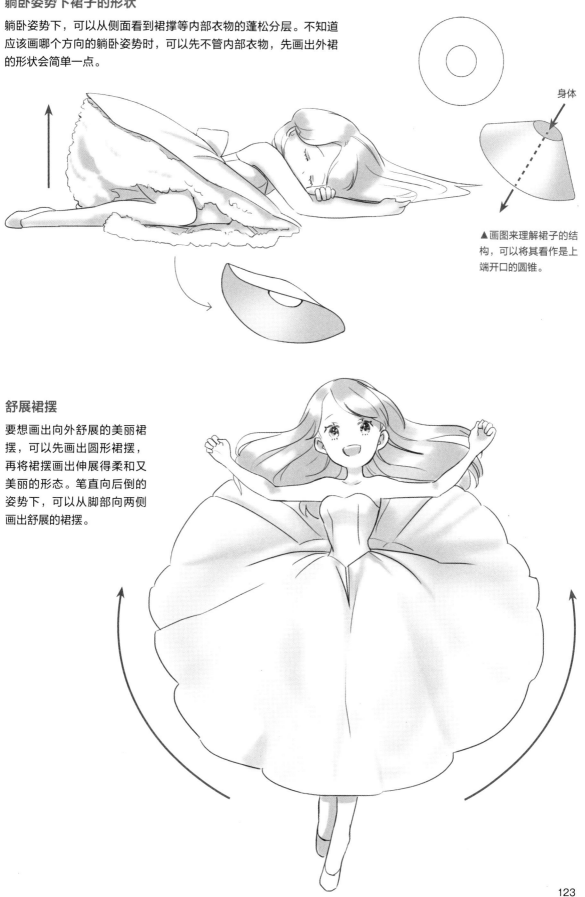

身体

▲画图来理解裙子的结构，可以将其看作是上端开口的圆锥。

舒展裙摆

要想画出向外舒展的美丽裙摆，可以先画出圆形裙摆，再将裙摆画出伸展得柔和又美丽的形态。笔直向后倒的姿势下，可以从脚部向两侧画出舒展的裙摆。

俯视视角

利用俯视视图可将舒展的裙摆表现出华丽的效果。其绘画要点为：将视线位置固定在一点，将能看到的部分定为亮面，将看不到的部分定为暗面，通过明暗结合的绘画技巧打造立体感。

表现女性魅力

通过俯视视角能够清晰地看到人物的上半身、面部及胸口部分，可展现出女性独特的魅力。先要确定视线的高度和角度，在绘画过程中要将胸部、躯干等露在外面的部分及颈部、背部等需要隐藏的部分处理好。

视点与角度

如下图所示，从俯视的角度看不到脖颈及锁骨部分，就可以选用露背、抹胸设计的礼服来进行调整

身体的隐藏部分

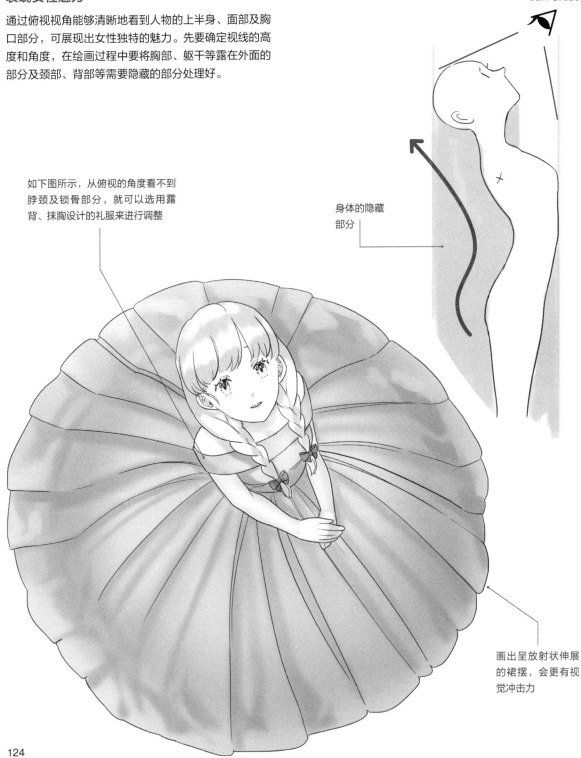

画出呈放射状伸展的裙摆，会更有视觉冲击力

俯视视角的礼服画法

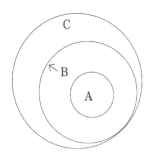 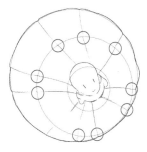 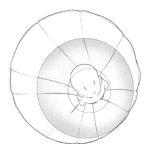 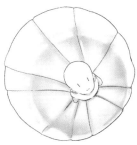

▲沿着躯干（A）、裙子和地板的接触部分（B）、裙摆在地板上伸展的部分（C）各画一个圆。B和C在前面的一部分会有所重叠。

▲在A圆中画出面部，再将A圆作为身体中心，向B圆、C圆画出裙摆的褶皱。褶皱的线条在B圆的边缘处断开，此画法可以表现出立体感。

▲在B圆内画出渐变的阴影，靠近地板部分的阴影颜色更深。

▲在裙摆的褶皱部分和C圆内部添加较浅的阴影，再擦掉三个圆形的轮廓，并调整阴影使其更加自然，这样就完成了。

摆姿势

描绘中世纪和帝政时期等不强调身体曲线的礼服时，可以绘制如右图所示扭腰后仰的姿势。如果不知道这种姿势哪些部分可以被看到，可以先画出模特的正视图来确定露出的部分和隐藏的部分。

露出的部分

隐藏的部分

旋转裙摆的魅力姿势

画出与回眸（P.118）相同的旋转姿态，可使画面更加灵动、优美。裙摆越长，效果就会越好，是能够轻松表现出华丽感的构图。

各种各样的人体姿势

可通过肩部、腰部的倾斜来摆姿势（将身体重量放在一只脚上），并通过指尖、手臂的动作变换姿势，下面我们将介绍让礼服更加光彩照人的摆姿势技巧。

对立平衡

"Contrapposto"在意大利语中是对立平衡、构图均衡的意思，指的是描绘将体重放在单脚上的视觉艺术。遵循肩部、腰部的倾斜互相交错的原则来摆姿势会更有灵动感。

连接肩部与腰部线条的中点，画出脊椎的曲线

轴心处

伸出手的姿势

添加动作和表情的对立平衡站姿，通过手臂和手指的动态、包包和小鸟、悠然开朗的表情等多种元素进行组合，可表现出人物的个性和故事性。

肩部的倾斜和腰部的倾斜方向相反

腿部交叉会更有动感

站姿

将重心放在右脚上，腰部向右上方倾斜，肩部则与腰部相反，倾斜方向是右肩向下。将腰部和肩部向相反的方向倾斜，能够让没有线条感的礼服富有动感。首先，在人物的结构图上画一条竖线，连接重心所在的脚尖和腰部的中间点作为中轴线。再来决定肩部和腰部的角度，沿着结构图画出人物姿势。

弯腰的姿势

弯腰是强调对立平衡的姿势。
沿着S形的脊椎曲线,轻轻弯
下身体,灵动又帅气。

温柔、成熟的表情加
上弯腰姿势,能给人
以稳重的感觉

坐姿

坐在地上一脸忧郁的美丽女性。即
使脚不站在地上,也可以用肩部和
腰部的倾斜来表现出对立平衡。微
微前倾的背部、无精打采的表情、
向前伸出的手好像在诉说着什么,
可表现出很强的故事性。

抬起一根手指,便能
给手部赋予表情

俯视角度

手持遮阳伞站姿的俯视构图，俯视这一极端的角度也能画出S形曲线和对立平衡。在绘制时要想象S形的脊椎上包裹着肌肉来描画姿势。

侧身站姿

可用平滑的曲线来画出胸部舒展的优雅姿势。朝向正侧面时，不使用肩部和腰部的倾斜来表现对立平衡，可以通过调整肩部和腰部的位置来表现。可先画出脊椎的S形曲线，再以肩部和腰部的位置为参考添加肌肉。

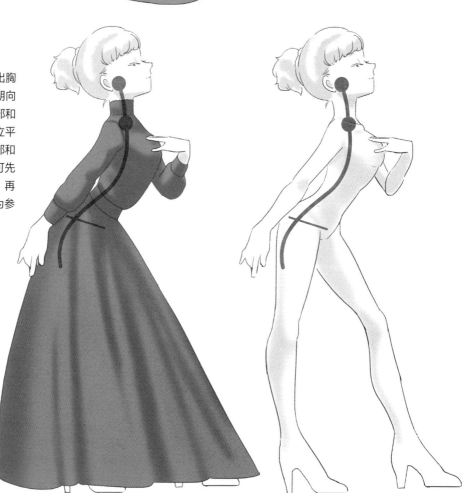

❧手部动作

用曲线来描绘动作

优雅、高级的手部姿势，从手臂到手指都要呈现出海浪般的柔和曲线。哪怕是想要画出向前伸直的手臂，也要将大臂、小臂、指尖部分画成流畅的曲线，来使整个画面显得柔和。

▲向前伸直的手臂，在手臂和指尖之间画出柔和的曲线，可以表现出女性的优雅气质。

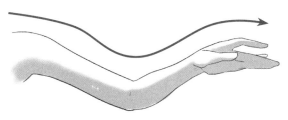

▲稍向下凹陷的曲线，轻轻弯曲手肘展现出向上的柔和曲线，可表现出端庄、文静的气质。

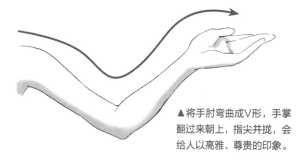

▲将手肘弯曲成V形，手掌翻过来朝上，指尖并拢，会给人以高雅、尊贵的印象。

指尖的优雅魅力

想要通过手指来表现出优雅的魅力，就要注意不要将手指放在同一高度。哪怕只是变换一根手指的位置或弯曲手指等些许变化，就能表现出贵妇光滑、美丽的手部。

▶玛丽·安托瓦内特（Marie Antoinette）的肖像画和闻名世界的公主题材的动漫作品中，有很多伸手姿势的画面。

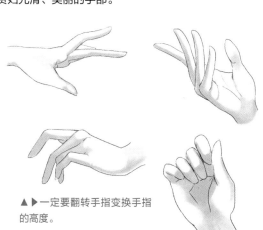

▲▶一定要翻转手指变换手指的高度。

129

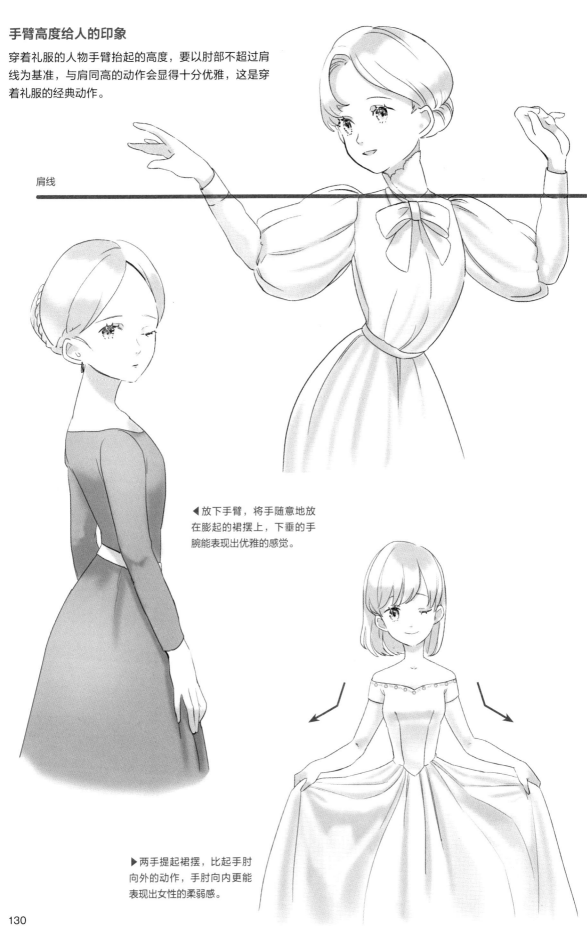

手臂高度给人的印象

穿着礼服的人物手臂抬起的高度，要以肘部不超过肩线为基准，与肩同高的动作会显得十分优雅，这是穿着礼服的经典动作。

肩线

◀放下手臂，将手随意地放在膨起的裙摆上，下垂的手腕能表现出优雅的感觉。

▶两手提起裙摆，比起手肘向外的动作，手肘向内更能表现出女性的柔弱感。

第 **5** 章

礼服小知识

5-1 裙子的长度

裙子的版型确定后，裙长是左右裙子外观印象的一个重要因素。大家可以以下面介绍的7种裙子的长度作为参考，画出自己想画的裙长。

裙长一览表

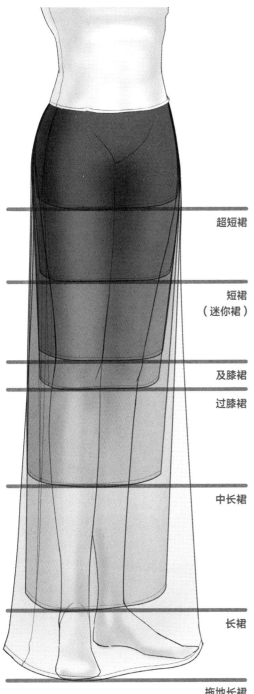

超短裙

短裙（迷你裙）

及膝裙

过膝裙

中长裙

长裙

拖地长裙

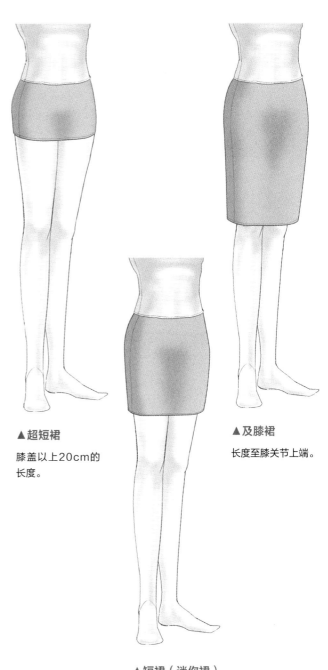

▲超短裙
膝盖以上20cm的长度。

▲及膝裙
长度至膝关节上端。

▲短裙（迷你裙）
膝盖以上10cm~20cm的长度。

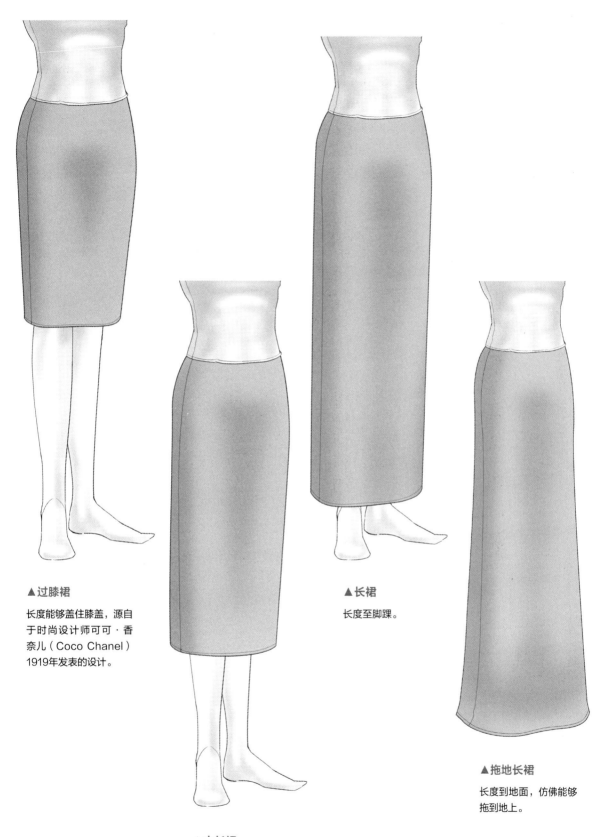

▲过膝裙

长度能够盖住膝盖，源自于时尚设计师可可·香奈儿（Coco Chanel）1919年发表的设计。

▲中长裙

长度至小腿中部。

▲长裙

长度至脚踝。

▲拖地长裙

长度到地面，仿佛能够拖到地上。

5-2 裙子的种类

设计裙子感到困惑时，可以将裙子的版型和类型这两点作为依据来进行构思，就容易表现出特征了。

根据版型分类

▼喇叭裙

裙摆宽大，形似喇叭花的裙子。

▼伞形裙

舒展的裙摆像一把打开的雨伞。

▼裙裤

大腿部分像裤子一样分开，类似裤子的一种分腿的裙子。

▼芭蕾舞裙

多层轻薄质地的布料重叠的短裙。

▼气球裙

裙摆处收紧，裙子下部膨起来像一个气球的形状。

▼蛋糕裙

有层次感的多层褶边裙。

▼直筒裙

从腰部往下自由垂坠的裙子。

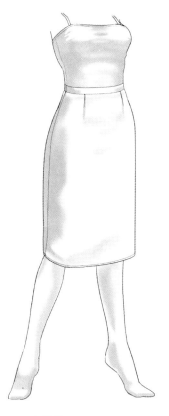

▼紧身裙

裙摆收紧，能突显从腰部到裙摆处的身体曲线。

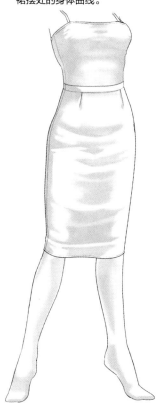

▼茧型裙

外形有些像蚕茧，裙子上下收紧、中间蓬松。

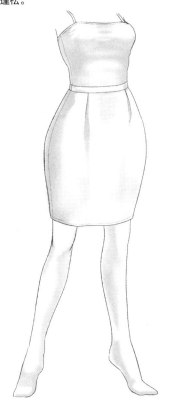

▼窄摆裙

膝盖至裙摆处收窄的设计，穿着走路时步伐要迈得很小。

▼荷叶裙

裙摆处有向外舒展的荷叶形褶边。

▼鱼尾裙

呈鱼尾形状的裙子。腰部到膝盖贴身合体，往下逐渐变宽松，呈现鱼尾的形状。

根据类型分类

▼纽扣裙

前开部分用纽扣固定，面料多为粗斜纹棉布。

▼高腰裙

腰线比一般裙子更高。

▼拼接腰裙

在臀部周围有拼接的裙子。

▼荷叶边拼接裙

在腰线位置装饰下垂的褶边，让臀部看起来膨大丰满。

▼纱裙

使用细网眼薄纱制成的裙子。

▼活褶裙

有着大大的裙褶且裙褶质地柔软，带有花边装饰的裙子。

▼螺旋裙

布料打褶缝接，变换颜色和面料的裙子，仿佛螺旋造型。

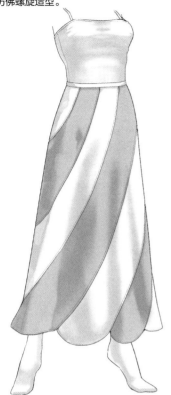

▼前短后长的鱼尾裙

前面的裙摆较短，因形似鱼尾而得名。

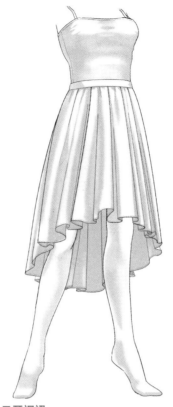

▼百褶裙

特征是裙身有许多细密、垂直的褶子。美观又漂亮，但制作比较复杂。

▼对褶裙

对褶裙的整个裙褶是凹陷的，褶面在下，褶底在上，两个褶底的折边可以对合在一起，形成暗褶裥。

▼开衩裙

裙摆较窄，在两侧开衩，露出腿部的线条，性感又优雅，极具成熟女人的魅力。

▼垂褶裙

以古希腊风格的女装为灵感设计而成的垂褶长裙，裙摆具有像流水一样的松弛褶皱。

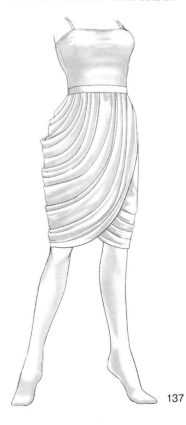

5-3 袖子的种类

袖子设计灵活多样，可以给人带来视觉上的冲击，极具个性。袖子无论简单或烦琐、华丽或朴素都能给礼服带来不一样的感觉。

泡泡袖系列

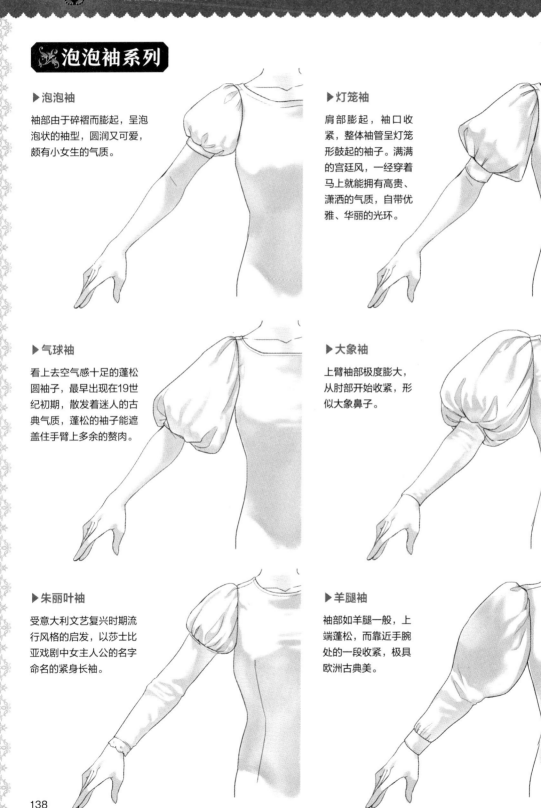

▶泡泡袖

袖部由于碎褶而膨起，呈泡泡状的袖型，圆润又可爱，颇有小女生的气质。

▶灯笼袖

肩部膨起，袖口收紧，整体袖管呈灯笼形鼓起的袖子。满满的宫廷风，一经穿着马上就能拥有高贵、潇洒的气质，自带优雅、华丽的光环。

▶气球袖

看上去空气感十足的蓬松圆袖子，最早出现在19世纪初期，散发着迷人的古典气质，蓬松的袖子能遮盖住手臂上多余的赘肉。

▶大象袖

上臂袖部极度膨大，从肘部开始收紧，形似大象鼻子。

▶朱丽叶袖

受意大利文艺复兴时期流行风格的启发，以莎士比亚戏剧中女主人公的名字命名的紧身长袖。

▶羊腿袖

袖部如羊腿一般，上端蓬松，而靠近手腕处的一段收紧，极具欧洲古典美。

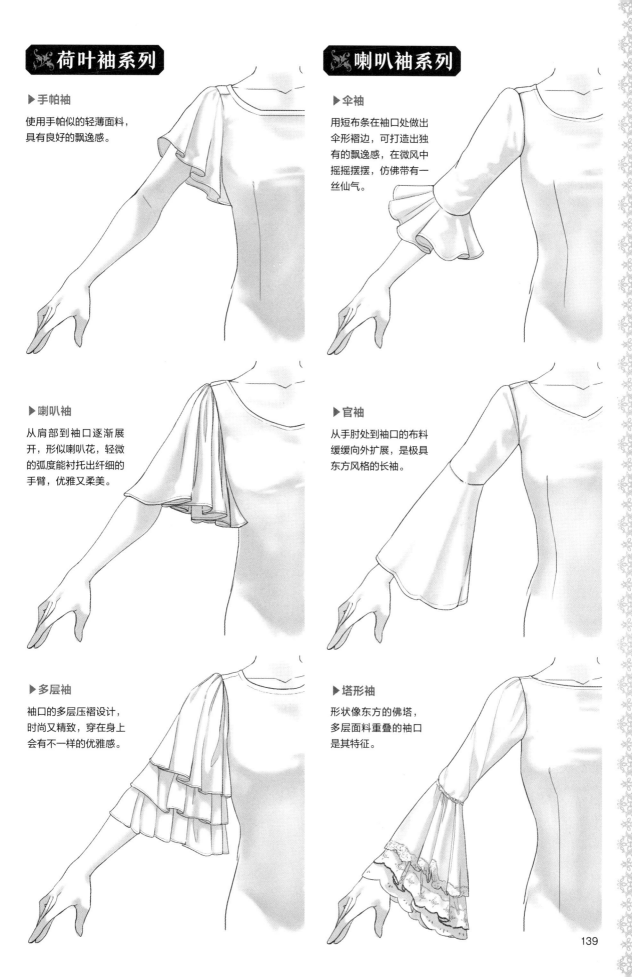

荷叶袖系列

▶ **手帕袖**

使用手帕似的轻薄面料，具有良好的飘逸感。

▶ **喇叭袖**

从肩部到袖口逐渐展开，形似喇叭花，轻微的弧度能衬托出纤细的手臂，优雅又柔美。

▶ **多层袖**

袖口的多层压褶设计，时尚又精致，穿在身上会有不一样的优雅感。

喇叭袖系列

▶ **伞袖**

用短布条在袖口处做出伞形褶边，可打造出独有的飘逸感，在微风中摇摇摆摆，仿佛带有一丝仙气。

▶ **官袖**

从手肘处到袖口的布料缓缓向外扩展，是极具东方风格的长袖。

▶ **塔形袖**

形状像东方的佛塔，多层面料重叠的袖口是其特征。

139

❧ 无袖、短袖系列

▶ **无袖**

袖子长度不过（或刚到）肩。无袖的设计能够很好地衬托手臂线条，清凉又优美。

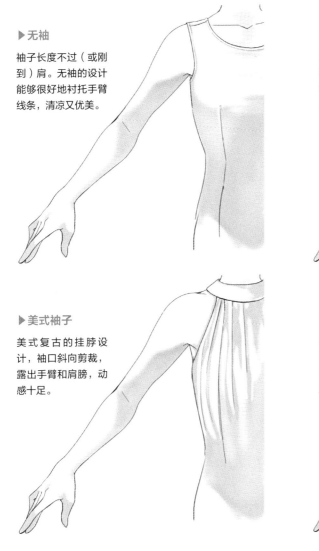

▶ **法式袖子**

法式袖的特点是肩线较长且盖过肩头，能给人以简洁、大方的感觉。

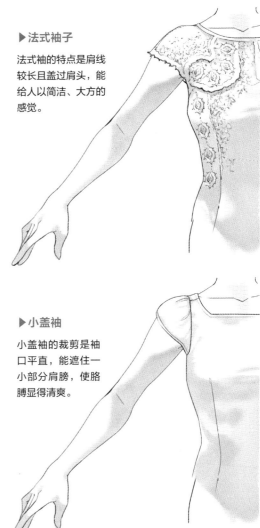

▶ **美式袖子**

美式复古的挂脖设计，袖口斜向剪裁，露出手臂和肩膀，动感十足。

▶ **小盖袖**

小盖袖的裁剪是袖口平直，能遮住一小部分肩膀，使胳膊显得清爽。

❧ 开口设计

▶ **开口袖**

袖子上加入开口，透过开口隐约可以看见里面一层的衣服（袖子的衬里）。

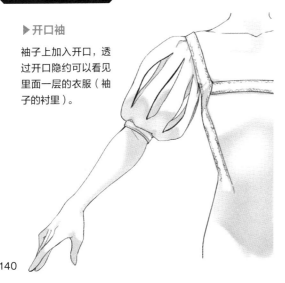

▶ **开口袖+内衣**

在内衣上添加开口的袖子设计，从开口处可以看见衬衣的布料，优雅又性感，颇有女人味。

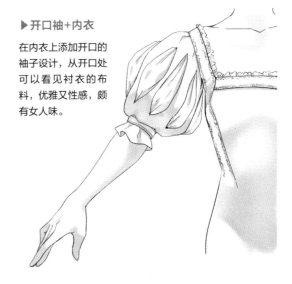

其他袖子

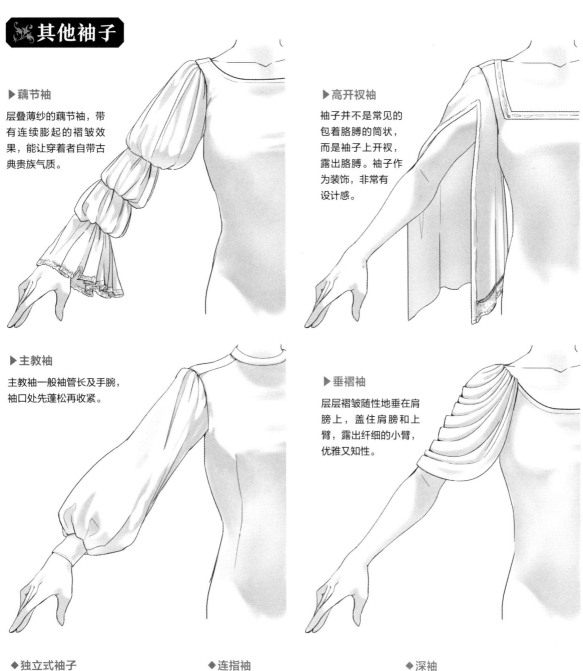

▶藕节袖

层叠薄纱的藕节袖，带有连续膨起的褶皱效果，能让穿着者自带古典贵族气质。

▶高开衩袖

袖子并不是常见的包着胳膊的筒状，而是袖子上开衩，露出胳膊。袖子作为装饰，非常有设计感。

▶主教袖

主教袖一般袖管长及手腕，袖口处先蓬松再收紧。

▶垂褶袖

层层褶皱随性地垂在肩膀上，盖住肩膀和上臂，露出纤细的小臂，优雅又知性。

◆独立式袖子

袖子与衣身分开，便于穿脱，非常有个性。

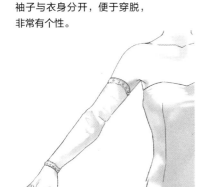

◆连指袖

袖子连接手部，在袖口端盖住手背并连接中指，不易掉落。

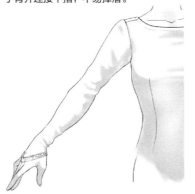

◆深袖

袖根宽松，肩部可以自由活动，因穿着舒适而受到众多女性的喜爱。

颈线的种类

▶U形领

领口形状基本上与圆领相似，不同的是U形领领口的深度与宽度之比要大许多，其前领口的形状如同英文字母"U"。
这种领型会有一种拉长的视觉效果，能够很好地衬托出颈部与脸部的线条，极具女性魅力。

▶圆领

圆形衣领通常带有随意、柔和的意蕴，其线条具有简洁、利落的特点。圆润的曲线可使穿着者显得更加优雅、温柔。

▶V形领

领口的形状形似英文字母"V"，垂直的曲线能吸引注意力，让胸部看上去更丰满。开阔的V领，可以在视觉上拉伸脖颈部分的线条，使上半身看起来纤细、优雅。

▶船形领

船形领，是指把前后领口裁剪成横向较宽、宛如船底的形状。这种领形很能衬托女性柔美的气质。

▶方领

方形领口时尚又耐看，能修饰锁骨和肩膀，突显美丽的天鹅颈，在展现复古感之余，还能让肩颈部分更显清爽。

▶一字领

在锁骨位置水平剪裁，露出颈部线条的领子。水平裁剪能给礼服增添线条感，使整体更显流畅。

▶鸡心领

也可称为桃形领、芭蕾领，领口呈鸡心的形状，即下部尖、上部呈圆弧状。可露出美丽的锁骨和肩膀。

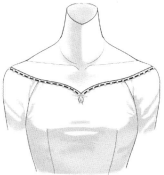

▶露肩领

大面积露出肩膀和锁骨的露肤设计。有袖子的款式，衣服与袖子由披肩状的领子连在一起。

▶高领

包裹住脖子的高领
设计，有时会向外
翻折，优雅又高
级，且比较正式。

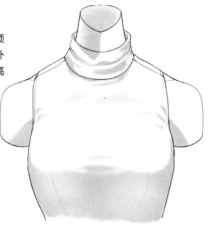

▶立领

这是一种只有领
座没有领面的设
计，造型别致，
能给人一种干练
利落、严谨端庄
的典雅之感。

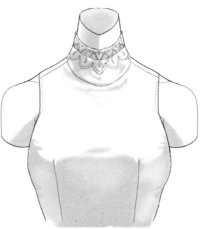

▶挂脖领

从前面到脖子后面
围绕布固定衣服的
类型。经典的挂脖
领一直是时尚潮人
们的最爱。

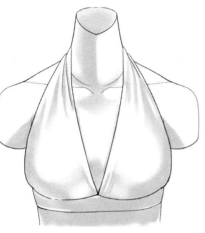

▶交叉吊带

在胸前交叉的挂
脖领设计，为挂
脖领增添了更多
的设计感，性感
优雅极具成熟女
人的魅力。

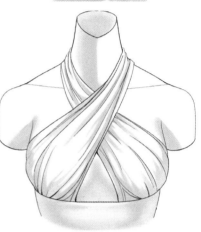

▶抹胸

除去挂在颈部的固定
设计，露出肩膀、手
臂，优雅又不失妩
媚，是能突显完美身
材的设计。

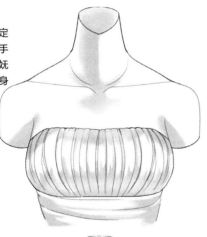

▶心形抹胸

中间下凹的抹胸
设计，心形的弧
线更加柔美、性
感。女人味十足
的设计又有几分
时尚感。

▶单肩

挂住单肩的斜向剪
裁，露出一侧的肩
膀，装饰有褶皱，
可突显胸前曲线，
营造出丰腴、性
感之美。

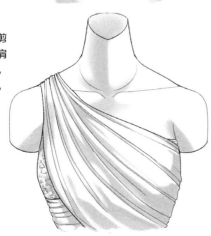

▶压褶领

在胸前纵向添加
压褶，可营造立
体感，打造出丰
腴的上半身，可
爱中又带着几分
俏皮。

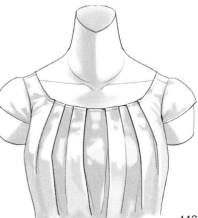

▶垂领

让胸前布料自由下垂，可营造出流动感。看似随意，实则蕴含着精心的设计。

▶挂肩领

在心形抹胸领的基础上加了一个挂肩，一般使用蕾丝布料，浪漫而甜美。

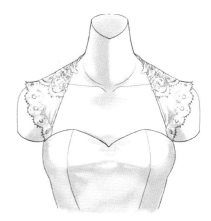

领圈的种类

▶水手领

像水手服一样的V字形大领子，前领为尖形，领片一直延伸到背后呈方形。

▶绑带领

胸口采用绑带设计，交叉的细绳和缝隙，在突显女性性感、柔美的同时又有几分帅气。

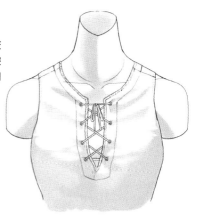

▶扎结领

与衣领一体的长飘带，可打成蝴蝶结装饰胸口。

▶荷叶领

小翻领加荷叶边的设计，使胸前充满设计感。中世纪的优雅宫廷风，散发着复古气息。

▲透明拼接领

颈部到胸口部分采用拼接设计，一般使用蕾丝等有透明感的面料，性感隐约可见。

▶披肩领

前侧不开口且没有领座的一片式领子，从肩部向下伸展，飘逸、优雅又灵动。蕾丝质地更显女人优雅的气质。

▶大翻领

向外翻出的大领子，从肩膀垂到胸前，装饰有蕾丝褶边，华丽感倍增。

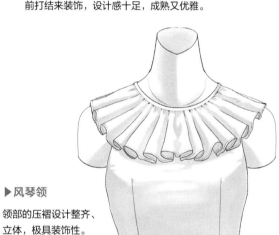

▲丝巾领

从肩部垂下一条三角巾作为领部的装饰，有时会在胸前打结来装饰，设计感十足，成熟又优雅。

▶围嘴领

缝在肩线上的领子向下垂在胸前。颈间一般为小高领，有沉静、稳重感。细碎的褶边为衣服增加了几分华丽。

▶风琴领

领部的压褶设计整齐、立体，极具装饰性。

▶拉夫领

16~17世纪在上流贵族阶层流行的一种轮状领，将褶边环绕颈部一周，华丽而又高雅。

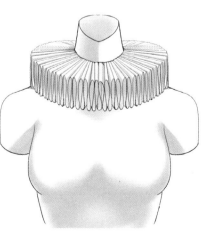

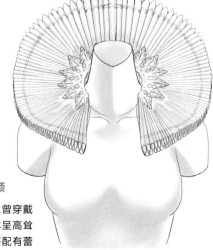

▶伊丽莎白领

伊丽莎白女王曾穿戴的衣领，整体呈高耸的扇形，并搭配有蕾丝等华丽的装饰。

鞋子的种类

时尚从脚部开始彰显，鞋子也是礼服搭配的一个亮点。下面介绍几款具有代表性的女鞋。

低帮鞋系列

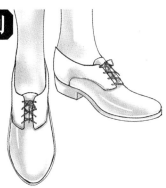

▶牛津鞋

皮鞋的总称，脚背处有绑带设计的低帮鞋。适合穿着出席各种场合，可满足通勤、休闲的需求。

▲乐福鞋

没有鞋带的平底皮鞋，穿脱自如，简约的设计容易搭配。

浅口鞋系列

◀浅口鞋

鞋面开口较大，脚尖处开口较低，露脚背的女鞋。穿脱比较方便，可穿着出席多种场合。

◀系带高跟鞋

细高跟加上环绕脚踝的绑带，有俘获人心的美，可修饰脚形，装点脚踝，性感又优雅，非常适合搭配派对礼服。

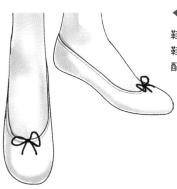

◀芭蕾舞鞋

鞋底柔软的平底女鞋，穿着舒适，可搭配多种风格。

◀厚底鞋

早期的高跟鞋款式，鞋底厚实，女性穿着可增高，所以又称高底鞋。

◀玛丽珍鞋

鞋底有一定厚度的女款单鞋，鞋面多用一字扣固定，且上脚显瘦。

◀歌剧鞋

为派对量身打造的鞋子款式，鞋面多为缎纹和漆皮材质。经典的绢布、缎结设计，使整个鞋面更显优雅。

凉鞋系列

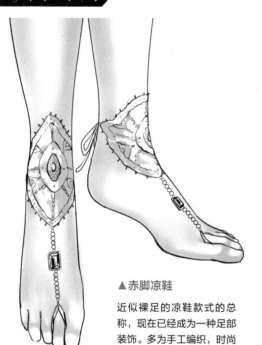

◀凉鞋

使用挂绳和带子固定在脚部，露出部分较多的鞋子款式的总称。

▲赤脚凉鞋

近似裸足的凉鞋款式的总称，现在已经成为一种足部装饰。多为手工编织，时尚前卫，搭配泳衣可在泳池和海边大放异彩。

▶罗马鞋

棉麻质地的鞋子，脚背通过绑带交叉来固定脚部，优雅、复古，可突显优美的脚部线条。

靴子系列

◀踝靴

长度到脚踝的靴子，现在多称为及踝靴。大部分踝靴比较浅，鞋面是包裹整个脚面的，有圆头和尖头的款式。

◀切尔西靴

鞋子两侧有松紧贴布设计，用来收紧靴筒，也被称为"侧档靴（side gore boot）"。

▶系带高腰靴

高腰靴子搭配交叉细绳设计，秀气有型，可以肆意扮酷。

外形设计

◀交叉带设计

脚背装饰有交叉带（X形绑带）的设计。

头部装饰会给人留下深刻的印象，帽子可以给礼服带来绝妙的点缀。如果有喜欢的帽子，一定要将其添加到自己的礼服设计中哦。

波奈特帽

▶波奈特帽

使用柔软面料制成，帽檐上翻的帽子。用缎带在下巴处打结固定，帽檐处添加有小褶边的装饰，华丽又优雅。

▶教友派波奈特帽

帽檐不外翻，水平向前，整体贴合头部线条，小巧又可爱。

带檐帽子

◀法式大檐帽

一般用稻草、布料等制成。法式浪漫、优雅的典型设计风格。

◀圆顶礼帽

帽檐微微向外翻卷的款式，高雅又洋气。

▶宽檐帽

帽顶较小、帽檐部分宽大的稻草帽。

▶钟形帽

一款形似吊钟的女帽，帽檐朝向斜下方，高贵又优雅。

▶平顶草帽

用稻草等制作而成，帽顶呈圆柱形，帽檐水平展开。

◀稻草帽

使用天然稻草编织而成的帽子，面料柔软、结实耐用。

▶绅士帽

平顶的圆柱形帽顶，帽墙前方有两个便于手拿的凹陷。两侧的帽檐微微向上翘起，将帅气和柔和融为一体。

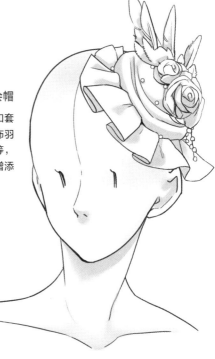

▶酒会帽

用来搭配晚礼服和套装的帽子，会装饰羽毛、假花和薄纱等，能为全身的搭配增添华丽、高贵感。

◀猎鹿帽

鸭舌帽的一种，有帽檐，最初是猎人打猎时戴的帽子，因此而得名。

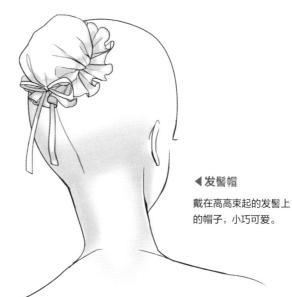

▶报童帽

20世纪早期流行的时尚款式，有帽檐。多为艳丽的颜色，面料多为毛呢和灯芯绒。

◀发髻帽

戴在高高束起的发髻上的帽子，小巧可爱。

其他帽子

◀贝雷帽

一款无檐软帽，一般使用毛呢、毛毡等面料制作而成。

◀网纱帽

圆筒形的浅帽顶，加上能够遮住面部的透明薄纱，颇有朦胧美感，在中世纪贵族阶层中十分流行。

索引

插画师简介

大家好，我是本书的插画师水溜鸟。非常荣幸这次能够有机会重新认识各种各样的装饰、中世纪、近代各种样式的礼服及时代背景等服装知识。

再次感谢大家选择本书！希望本书的绘画方法和技巧能够给大家带来一些启示。

水溜鸟
mizutametori

参考文献

- 《图解 贵妇的礼服设计 1730—1930年》日本Maar社
- 《西洋服装大全 普及版》日本Graphic社
- 《西洋服饰史 图解篇》日本东京堂出版
- 《增补新装 彩图版世界服饰史》日本美术出版社
- 《知识视觉百科 衣服的历史图鉴》日本罗汉书房
- 《时尚年表》日本文化出版局
- 《时尚的历史（上）》日本PARCO出版
- 《时尚的历史（下）》日本PARCO出版
- 《时尚·平台全集Ⅰ：17~18世纪》日本文化出版局
- 《时尚·平台全集Ⅱ：19世纪初期》日本文化出版局
- 《时尚·平台全集Ⅲ：19世纪中期》日本文化出版局
- 《时尚·平台全集Ⅳ：19世纪后期》日本文化出版局
- 《时尚·平台全集Ⅴ：20世纪初期》日本文化出版局

OHIMESAMA NO DRESS WO EGAKO

Copyright © 2017 transmedia

Chinese translation rights in simplified characters arranged with Kosaido Publishing Co., Ltd.

through Japan UNI Agency, Inc., Tokyo

执笔人员

石川悠太、川岛万优、中村贵信（SHDX）、茅根骏、坂amane

律师声明

侵权举报电话

全国"扫黄打非"工作小组办公室
010-65233456 65212870
http://www.shdf.gov.cn

中国青年出版社
010-59231565
E-mail: editor@cypmedia.com

版权登记号：01-2020-6773

图书在版编目（CIP）数据

盛装茶会: 千年洋服演变图解 / 日本转移媒体公司编; (日) 水溜鸟绘; 李春凌译. — 北京: 中国青年出版社, 2021.1

ISBN 978-7-5153-6303-5

I.①盛… II.①日…②水…③李… III. ①服装-绘画技法 IV. ①TS941.28

中国版本图书馆CIP数据核字（2021）第021002号

主　　编：粉色猫斯拉-王　颖　　　策划编辑：刘　然
责任编辑：张　军　　　　　　　　执行编辑：周　爽
营销编辑：严思思　　　　　　　　封面设计：麦小朵

盛装茶会：千年洋服演变图解

日本转移媒体公司 / 编　[日] 水溜鸟 / 绘　李春凌 / 译

出版发行：中国青年出版社		开　本：787×1092　1/16		
地　　址：北京市东四十二条21号		印　张：9.5		
邮政编码：100708		版　次：2021年6月北京第1版		
电　　话：(010)59231381		印　次：2021年6月第1次印刷		
传　　真：(010)59231381		书　号：ISBN 978-7-5153-6303-5		
企　　划：北京中青雄狮数码传媒科技有限公司		定　价：89.90元		
印　　刷：天津旭非印刷有限公司				

本书如有印装质量等问题，请与本社联系　　　电话：(010)59231381
读者来信：reader@cypmedia.com　　　　　　投稿邮箱：author@cypmedia.com
如有其他问题请访问我们的网站：http://www.cypmedia.com